U0233251

走进海洋世界

领略海洋风光

金翔龙　陆儒德　主编

中国出版集团

中译出版社

《走进 海洋世界》系列图书

目 录

第一章 奇异的海岛

海岛，是人世间的一片伊甸园。无论是风景秀丽的大堡礁，热情好客的夏威夷岛，还是充满美丽传说的西西里岛，它们都是美妙绝伦的。让我们一起踏上这些风情各异的海岛，它们一定会给你带来意想不到的惊喜。

海岛

我们生活的这个蓝色星球上，海洋面积达到了 71%。浩渺的烟波上，散布着形态各异的海岛，好像千里沙漠中的点点绿洲。这些大大小小的海岛总面积达到了 990 多万平方千米。

海岛的类型

海岛根据不同的属性有多种分类方法。按物质组成，可分为基岩岛、沙泥岛和珊瑚岛；按离岸距离，可分为沿岸岛、近岸岛和远岸岛；按面积大小，可分为特大岛、大岛、中岛和小岛；按所处位置，可分为河口岛、湾内岛、海内岛和海外岛。

海岛的分布

海岛按照分布形态可以分为群岛和大陆岛，世界上主要的群岛在四大洋中均有分布，太平洋中的群岛数量最多。大陆岛一般分布在大陆外缘，在地质构造上与大陆相连。

海岛的形成

海岛是怎么形成的呢？

按形成原因分类，海岛可分为大陆岛、火山岛、珊瑚岛和冲积岛四种。大陆岛是因构造作用（如断层或地壳下沉）或冰碛物堆积形成；火山岛则由火山喷发、岩浆冷凝形成；珊瑚岛由珊瑚虫的遗骸堆积形成；冲积岛则由河流搬运的泥沙堆积而成。

拓展　世界上最大的岛屿——格陵兰岛

格陵兰岛位于北冰洋与大西洋之间，北美洲的东北部。"格陵兰"的意思是"绿色的土地"，可实际上，那里非常寒冷，最低气温可以达到 -70℃，是仅次于南极洲的第二个"寒极"，其中 81% 的面积都被冰雪覆盖，而格陵兰岛正是依靠这些厚厚的冰雪，才能高耸在海面之上。

5

百慕大群岛

　　百慕大群岛位于大西洋中西部，距离美国东海岸 900 多千米，由 7 个主岛及多个小岛和礁群组成，其中有人居住的岛屿约有 20 个，总面积达 70 多平方千米。

无法阻挡的神秘魅力

　　尽管百慕大曾发生过很多奇怪的事情，但这一切仍无法遮掩它的美丽，每年依然吸引着大量游客。有的人是为这美丽的海景而来，当然，也有的人是为了来这里感受神秘的气息。不管怎样，这里的美丽让人无法抗拒。

特迪·塔克大发现

　　1950 年，百慕大人特迪·塔克首次在百慕大海底发现来自新大陆的沉船以及船内的珍宝。这一发现，顿时引起了世界轰动，随即在美洲掀起了一股寻找沉船和珍宝的探险考察热潮。

拓展

不可思议的离奇事件

1990 年 8 月，一艘在百慕大三角区失踪了 24 年的帆船奇迹般地在海滩搁浅再现。帆船上 3 名船员被土著居民救起送到委内瑞拉的加拉加斯市。医生说这 3 个人虽然失踪了这么多年，但是一点也没有衰老的迹象，好像时间对他们来说完全停止了。柏比罗·古狄兹医生说："这 3 名船员中最老的一个在失踪时是 42 岁，按理说他应该是 66 岁的老人，可是看起来依然像 40 多岁，身体非常健康。"

美丽的自然景观

在百慕大群岛上，迷人的景色比比皆是。这里气候适宜，四处开着美丽的鲜花，一派生机勃勃的景象。群岛四周是广袤的海洋，蓝天白云下，白鸥欢快地飞舞，一派和谐秀丽的风光。

巴厘岛

　　巴厘岛是印度尼西亚众多岛屿中一颗璀璨的明珠。它静静地被印度洋围绕，岛上的美食美景让前来的游客流连忘返。巴厘岛人生性爱花，处处用花来装饰，因此，这个岛有"花之岛"之称，并且享有"南海乐园""神仙岛"的美誉。

木雕之乡

　　巴厘岛是印度尼西亚手工艺术品的盛产地。马斯是巴厘岛的木雕之乡，这里集中了巴厘岛最优秀的雕刻师。游客不仅可以欣赏到他们的作品，还可以看到雕刻师现场展示手艺。

拓展　　**巴厘印度教**

　　巴厘印度教有别于印度本土的印度教，是印度教教义和巴厘岛风俗习惯的结晶。居民主要供奉三大天神和佛教的释迦牟尼，教徒家里都设有家庙，村有村庙。因此，巴厘岛又有"千寺之岛"的美称。

岛上的艺术

　　巴厘岛人的古典舞蹈典雅多姿，是印度尼西亚民族舞蹈中的奇葩，在世界舞蹈艺术中具有独特的地位。其中，狮子舞与剑舞最具代表性。巴厘岛人的绘画风格也很特别，具有浓郁的地方色彩。

神秘庄严的海神庙

　　海神庙建在海边的一块巨岩上，设计得十分巧妙：涨潮时，四周海水环绕，和陆地完全隔离，寺庙独自矗立在湛蓝的海水中，显得格外肃穆庄严；退潮后，寺庙又与陆地相通了。

冰 岛

　　冰岛位于欧洲西部，北极圈附近。光听这个名字就感觉十分寒冷。确实如此，岛上气候寒冷，到处都是冰雪，草木难以正常生长。这里有厚重的冰川，也有火山、温泉，是真正的冰火两重天。

恶劣的天气

　　冰岛气候寒冷，植物非常稀少，火山熔岩又肆无忌惮地毁坏着本来就不多的树木和绿地。冰川覆盖着火山口，火山爆发又使冰雪融化，酿成水灾。年复一年，水与火就是这样演绎着互不相容的故事。恶劣的气候条件使绿色植物在冰岛变得弥足珍贵。

发达的渔业

冰岛的渔业十分发达，是岛上主要的经济命脉。冰岛不仅鱼、虾、贝类资源丰富，而且质量上乘。

拓展 **岛上的传奇故事**

公元9世纪，冰岛迎来了它的第一批居民——维京海盗。他们十分热爱这片土地，为了避免别人来争夺这块地方，他们给它取了"冰岛"这个名字，蒙蔽外人。光听名字，很多人难以想象冰岛其实是个美丽的地方。

理想的探险地

冰岛对于大多数探险爱好者来说，无疑是他们心中的理想国度。伴随着探险者数量的增多，冰岛每年都以惊人的速度寻找新的探险路线。

冰火之国

冰岛有许多火山，全国至少有上百座火山，其中有几十座活火山，平均每5年就有一次大规模的火山喷发。冰岛是世界上温泉数量最多的国家，被称为"冰火之国"。

大堡礁

大堡礁是世界最大最长的珊瑚礁群，其附近的水域颜色从白、青到蓝靛，绚丽多彩。大堡礁堪称地球上最美的"装饰品"，它像一颗明珠，即使远在月球上也清晰可见。

心形珊瑚岛

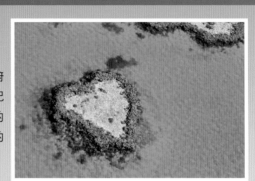

心形岛，岛如其名，从天空中俯瞰，它的形状就是一个天然的心形，配上大堡礁湛蓝的水色，真是让人惊艳的美景。这里是游客到大堡礁必须欣赏的景点之一。

世界上最好的工作

汉密尔顿岛位于大堡礁的边缘，是一座私密性极佳的度假小岛，2009年的一份招聘广告让这个小岛红遍全球：在风景如画的岛屿上散散步，喂喂鱼，写写博客，报酬高达15万澳元！图中就是最终获得这份为期6个月的工作的幸运儿——英国小伙本·索撒尔。

色彩斑斓的珊瑚

大堡礁的珊瑚礁色彩斑斓，有红色、黄色、绿色、紫色等，它们形态各异，有的像鹿角，有的像灵芝，有的像荷叶。珊瑚虫觅食时，无数珊瑚虫的触须一齐伸展，宛如百花怒放，海底也随之奇幻缤纷。

海洋生物王国

大堡礁有 1500 多种鱼，约有 4000 种软体动物，几十万只海鸟以及很多其他的海洋生物，堪称一座天然的海洋博物馆，澳大利亚人自豪地称之为"海中生物王国"。

格林岛

格林岛又称绿岛，岛长 660 米，宽 260 米，四周被洁白的沙滩包围，岛上有郁郁葱葱的树林，漫步其中，浪漫至极。码头上有一座观测站，可观赏海面下的美丽珊瑚和热带鱼。

马尔代夫

　　马尔代夫，因它的美丽而惊艳世人。在一望无际的海面上，小岛星罗棋布，好像从天空坠落而下的珍珠一般，镶嵌在碧蓝的大海中。它是印度洋上美丽的精灵，也是一片即将消失的"失落的天堂"。

拓展　　水下的内阁会议

　　马尔代夫政府在 2009 年 10 月举行了水下内阁会议，讨论全球变暖问题。10 月 17 日当时的马尔代夫总统纳希德在水下内阁会议中签署环保倡议书。总统宣布，由于海平面上升将使 30 多万岛民无家可归，该国将从每年 10 亿美元的旅游收入中拿出一部分，用于购买一个新家园。

太阳岛

　　太阳岛是马尔代夫最大的休闲度假村。岛上鸟语花香，生机勃勃。风格各异的酒店隐藏在神秘的热带丛林中，游人可以躺在椰树下，聆听大海的歌声，也可以在海上木屋的阳台上，静静地看书，享受明媚的阳光。

即将消失的天堂

海陆一线，赋予了马尔代夫独特的热带美景，但作为世界上海拔最低的国家之一，它也将面对全球变暖、海平面上升等危机。2004 年东南亚大海啸时，马尔代夫瞬间丧失 40% 的国土。有预测称，最快 100 年内，海面上升将会淹没整个马尔代夫。

美丽的"蓝眼泪"

马尔代夫瓦度岛海滩有一片被称为"蓝眼泪"的蓝沙，这些美丽的蓝沙其实是一种海洋微生物，随着海浪的翻涌，被冲到岸上或空中。但是离开海水的"蓝眼泪"只能存活一分多钟，随着能量散尽，"蓝眼泪"的光芒逐渐变弱直至消失。

索尼娃姬莉岛

世界上最奢华的全水屋岛，岛上 7 座独立水上别墅孤悬在海面上，拥有马尔代夫最大面积的私人海滩。这些小型别墅造型颇具当地民俗风味，建造材料主要采用当地树木。

塞班岛

明媚的阳光，洁白的沙滩，碧海蓝天互相映照。这就是太平洋上的一颗璀璨明珠——塞班岛。唯有身临其境才能感受到"身在塞班犹如置身天堂"之说。

喷水洞

在喷水海岸，礁石锋利，礁石上的火山岩有许多大小洞穴，海浪拍岸，海水冲向礁石，然后从礁石中的小洞喷出，形成的水柱甚至有 10 多米高，如同鲸鱼喷水。

军舰岛

这座美丽的小岛，位于塞班岛的西侧，海水纯净无比，阳光下，海底珊瑚礁变幻着美妙的色彩。如果乘坐潜艇，潜到 15 米深的水下，可以观看第二次世界大战时期坠落的美军战斗机和被击沉的日本军舰残骸。

蓝洞

　　蓝洞是世界上第二大潜水胜地，被全世界潜水者视为必游的"朝圣地"。背着氧气瓶下到巨大的钟乳洞中即可进行洞穴潜水，阳光透过水面直射洞中，海水呈现出猫眼般的蓝色，令人目眩神迷。

拓展　　　　　　　　　　岛上的硝烟

　　第二次世界大战期间，日本和美国为争夺塞班岛展开了激烈的战争。1944年6月，美军开始进攻塞班岛，史称"塞班岛之战"。日本战败后，联合国将此地划给美国政府，开始40年的托管。1986年11月，塞班经全民公投归属美国，成为美国的海外领地。

鸟岛

　　鸟岛位于塞班岛的北部，像只鸟栖息在海湾上。岛上有上百种鸟类栖息。涨潮时，鸟岛孤立，退潮时和塞班岛相连。

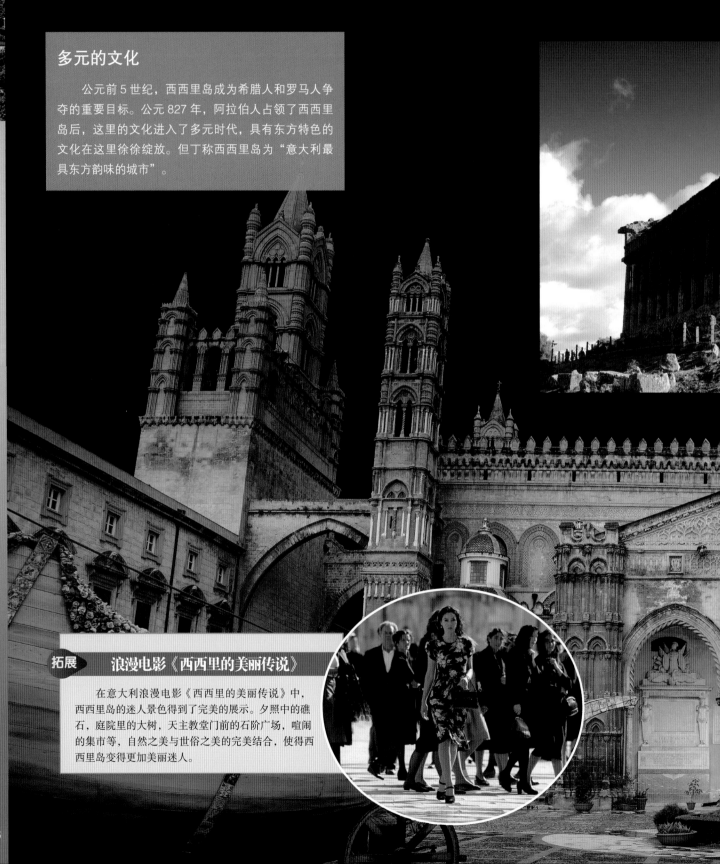

西西里岛

西西里岛位于地中海的中心，这里辽阔富饶，气候温暖，风景秀丽。歌德曾说："如果不去西西里岛，就像没有到过意大利，因为在西西里岛你才能找到意大利的美丽之源。"

第一章 奇异的海岛

多元的文化

公元前5世纪，西西里岛成为希腊人和罗马人争夺的重要目标。公元827年，阿拉伯人占领了西西里岛后，这里的文化进入了多元时代，具有东方特色的文化在这里徐徐绽放。但丁称西西里岛为"意大利最具东方韵味的城市"。

拓展 **浪漫电影《西西里的美丽传说》**

在意大利浪漫电影《西西里的美丽传说》中，西西里岛的迷人景色得到了完美的展示。夕照中的礁石，庭院里的大树，天主教堂门前的石阶广场，喧闹的集市等，自然之美与世俗之美的完美结合，使得西西里岛变得更加美丽迷人。

诸神的居所

阿格里真托先后被迦太基人、罗马人占领。历经拜占庭、阿拉伯王国统治，后来被西西里岛东岸的城市所取代，昔日的繁华不再，只留下许多神庙的遗迹。这些神庙如今成了最重要的观光资源。因此被称为"诸神的居所"。

陶尔米纳

陶尔米纳面朝广阔的大海，背靠埃特纳火山。这里有美丽的沙滩、时髦的时装设计商店、豪华的旅馆、古老的纪念物以及一流的餐厅。陶尔米纳是西西里岛最独特、最受欢迎的游览胜地。

"世界上最优美的海岬"

巴勒莫是西西里岛的第一大城，也是个地形险要的天然良港，歌德来此曾称赞巴勒莫是"世界上最优美的海岬"。随着统治者改朝换代，巴勒莫历经多种不同宗教、文化的洗礼，因此市区建筑呈现截然不同的风貌。

夏威夷群岛

优美的海湾、连绵的青山组成了一幅幅层次分明、景色秀丽的画卷。夏威夷作为世界上罕见的休憩风景胜地，备受世人瞩目。

"阿罗哈"的问候

"Aloha"（阿罗哈）是每一个到夏威夷的人学会的第一句话。它是夏威夷土话，表示"欢迎，你好"。一句"阿罗哈"，彰显了夏威夷敞开胸怀的开放文化。

波利尼西亚文化

夏威夷虽然不断有多元文化涌入，但最初的波利尼西亚文化却依然传承了下来，文化精髓中的热烈情怀依旧奔放四溢。

拓展 关于"亚利桑那号"

1941年12月7日清晨，日本海军突袭美国海军太平洋舰队在夏威夷的基地——珍珠港（檀香山西侧），太平洋战争拉开了序幕。如今，当年被击沉的战舰"亚利桑那号"仍在海底，人们在其沉没处的水上建立了亚利桑那纪念馆。

夏威夷岛

夏威夷岛是群岛中最年轻、面积最大的一个岛，岛上气候多样，风光独特。不仅可以上山滑雪，下海冲浪，还可以到夏威夷国家火山公园看火山，这里的两座活火山会不断喷发，熔岩流动，十分壮观。

草裙舞

草裙舞，又名"呼啦舞"。在夏威夷，无论男女都跳草裙舞，欢迎远道而来的客人。对于夏威夷人来说，草裙舞是无字的文学作品，是他们的生命和灵感，也是让外界了解他们的窗口。

所罗门群岛

世界上是否真的有所罗门宝藏？如果有的话，它是不是真的埋在所罗门群岛？在所罗门群岛，人们除了可以在海底美丽的珊瑚区潜水，还可以到海底寻宝探险，这是一个充满神秘气息的地方。

岛上的居民

所罗门群岛上的居民做饭的方式很特别，他们用烧热的大石块和大树叶垒成焖饭的炉子来加热食物，主食是薯类。

黄金宝库

历史上众多欧洲冒险家都尝试着来到所罗门群岛寻找宝藏，令人遗憾的是，"宝藏"至今没人发现，也许所罗门群岛与宝藏并无关系。但这里矿藏资源、渔业资源、森林资源十分丰富，这些都是所罗门群岛的"软黄金"。

拓展
电影《风语者》

著名导演吴宇森 2000 年拍摄、尼古拉斯·凯奇主演的电影《风语者》就是以所罗门群岛为背景，讲述了肩负着战争保密任务的印第安纳瓦霍族士兵的故事。

气候

所罗门群岛位于太平洋西南部，由 900 多个岛屿组成，热带雨林气候，年降水量为 3000 多毫米。

浓郁的原始色彩

所罗门群岛是全世界最不发达国家之一，岛上自然资源丰富，政局却不稳定，经济发展缓慢，这也使得它保存了最原始的风貌。岛上的房子都是高跷式的，离地面几尺，以防海水侵袭。

毛里求斯

　　美丽的海滩、明媚的阳光、巨大的睡莲，还有多姿多彩可与彩虹媲美的七色土，造就了毛里求斯无以伦比的迷人景色。马克·吐温说："上帝先造了毛里求斯，然后造了天堂。"

色加舞

　　色加舞是毛里求斯岛上的特色。每年的8月15日，居住在岛上黑河山脚下的印度族人就会穿戴上美丽的民族服装，手拍腰鼓，跳起色加舞，一直狂欢到深夜。

地面彩虹

　　在毛里求斯西部的夏马尔山坡，静卧着闻名遐迩的七色土。七色土的颜色杂糅在一起，每种颜色占有自己的位置，又不去淹没别的色彩，组成了一道道令人称奇的"地面彩虹"。

国鸟——渡渡鸟

　　16世纪葡萄牙人发现毛里求斯时，看到一种前所未见的新品种雀鸟，并把其命名为渡渡鸟。荷兰人发现渡渡鸟肉质鲜美，蛋的味道也不错，就开始拼命捕食。除此之外，当地人为了建造城市破坏了渡渡鸟的生存环境，这种鸟终于在1690年前后从地球上消失。毛里求斯人为了纪念它，国家独立后，把渡渡鸟定为国鸟。

世界上最大的莲花

毛里求斯植物园历史悠久，在这里你能看到叶大如鼎的古睡莲——王莲。这种莲花是世界上最大的莲花，它们的叶子直径一般在 2 米左右，可以承受住一个婴儿的重量。高大的王莲随风摇曳，难得的是要想看到它开花得等上 100 年。

水清沙细

毛里求斯以水清沙细的海岸而闻名，岛上的娱乐休闲也多与水上活动有关。在毛里求斯岛的四周，围绕着很多珊瑚礁，为前来进行钓鱼、滑浪风帆、滑水、游艇甚至潜水艇观光的游客提供了舒适的活动场所。

新几内亚岛

新几内亚岛是太平洋第一大岛、世界第二大岛。这里是世界鳄鱼之都，这里有世界上最漂亮的袋鼠，已经灭绝了的极乐鸟在这里"复活"，岛上动物种类繁多，是动物的乐园。

岛上丰富的语言

巴布亚新几内亚位于新几内亚岛的东部，是一个拥有丰富语言的国家，其部落繁多，主要是美拉尼西亚人，他们分成不同的部落，有700多种语言，有些高原地区至今仍保留着原始的习俗与生活习惯。在此环境下所生成的音乐文化与音乐教育教学方式也表现出独特的地方性色彩。

极乐鸟

科学家在新几内亚岛发现了贝尔普施六丝极乐鸟，而这种极乐鸟一度被认为是灭绝了的物种。当这种小鸟向异性求爱时，它们头上的6根长10厘米的漂亮羽毛就会竖起来，不停晃动。

金额园丁鸟

金额园丁鸟是科学家在新几内亚岛发现的新物种，这种鸟在 1825 年首次得到确认。每当金额园丁鸟求偶时，雄鸟就会高高地构筑和装饰起巨大且精美的"五月柱舞池"来吸引雌鸟。

长吻针鼹

长吻针鼹生活在这片神奇的土地上，它们身上有稀疏的短刺，毛发较多，没有牙齿，仅用舌头捕食虫蚁。它们昼伏夜出，行动笨拙，几乎看不见任何东西，繁殖能力也很低，是地球上最原始的现生哺乳动物之一。

鳄鱼之都

新几内亚岛的鳄鱼养殖业非常发达，有 300 多个鳄鱼养殖场，养殖了近 2 万条鳄鱼。在新几内亚岛被鳄鱼咬住怎么办？千万不要惊慌，用大拇指掐住它们的眼睛，这些凶猛的家伙就会逃走了。

金披风树袋鼠

新几内亚岛的金披风树袋鼠是世界上最漂亮的袋鼠，也是十分罕见的树栖丛生类袋鼠，被认为是生活在高海拔地区的一个袋鼠新物种。

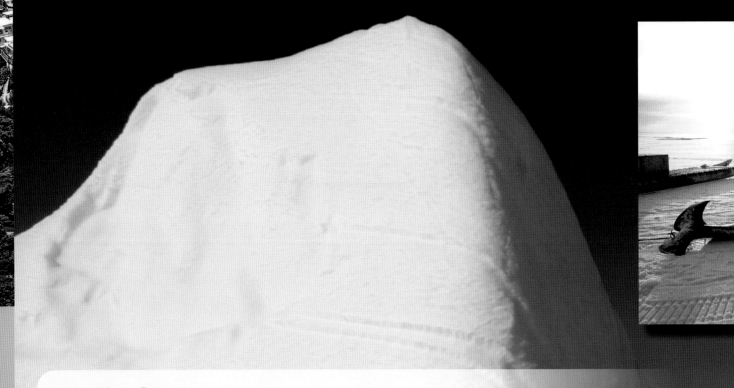

巴芬岛

在湛蓝的天空下，洁白的冰雪苔原覆盖着一座北极圈中的岛屿，传说中的独角兽在这童话一般的世界里留下了神秘的影子，这就是仙境般梦幻的独角兽之家——巴芬岛。

独角兽之谜

传说独角兽是一种神秘而美丽的动物，外表酷似一匹修长的白马，额前有一只充满魔力的螺旋角。据说此角磨成粉服用能起死回生。1577 年，探险者在巴芬岛第一次发现了独角兽，但后来证实，这只是一种叫"独角鲸"的鲸鱼。

独角鲸

　　独角鲸的独角实际上是雄鲸左边上颌的一颗牙齿。这颗长牙不但坚硬无比，还可以向任意方向弯曲30厘米，上面布满了裸露的神经末梢，是非常敏感的感觉器官。由于独角鲸的长牙是名贵的工艺品原料，所以它们遭到大量捕杀，数量也在急剧下降。

巴芬岛苔原狼

　　巴芬岛活跃着北极熊和苔原狼，苔原狼是北极地区体形最小的狼，分布在巴芬岛各处。它们头腭尖形，颜面部长，鼻端突出，耳尖且直立，嗅觉灵敏，听觉发达。

拓展 **巴芬岛名字的由来**

　　1615年，英国探险家威廉·巴芬第一个成功环绕巴芬岛旅行，后来这座岛屿便以他的名字命名。巴芬岛与格陵兰岛之间的海湾也被命名为巴芬湾。

原始风光

　　巴芬岛原始的自然风光秀丽，因为这里交通不便，人烟稀少，所以自然环境几乎没有受到破坏，一望无际的坚冰上覆盖着雪原，湛蓝的天空下是一片纯净的世界，是登山滑雪爱好者的天堂。

复活节岛

在东南太平洋一个偏僻小岛的海滨，屹立着1000多个表情严肃、神态威严的巨型人面石像。它们整齐地站成一排，凝视着远方。这就是神秘的复活节岛。它是一个与世隔绝的岛屿。

世界的肚脐

100万年前，复活节岛由海底的3座火山喷发而成，这使得它的地理位置与世隔绝。美国的宇航员曾从太空观察，发现复活节岛孤悬在浩瀚的太平洋上，确实像一个小小的"肚脐"贴在地球表面。

拓展 石像之谜

制作并安置这些石像是一项十分艰巨的工程。有人做过精确的计算，认为制作这些石像，至少需要5000个壮劳力；但制作一个中等大小的石人像，就需要15个人干1年。而那些重达几十吨的红帽子又是如何戴到石像头上的呢？这些都成了不解之谜。

朗戈朗戈木板之谜

朗戈朗戈木板是一种"会说话的木板",长约2米,两边用鲨鱼牙或坚硬的石头刻上方形图案。由于宗教干涉,这些木板被欧洲传教士烧毁,只剩下为数不多的25块。由于战乱等原因,岛上已找不到懂这种文字符号的人了。有人认为,木板上的文字符号,是揭开复活节岛古文明之谜的钥匙。

复活节岛的石像

复活节岛又称"石像的故乡",岛上矗立着许多巨型石像。巨大的石像遍布复活节岛,据统计有1000多尊。这些石像都是没有腿的半身像,头颅特别大,身上还有符号。

台湾岛

台湾岛是中国第一大岛，这里物产丰富，秀丽的景色更是被世人称赞。"米仓""鱼仓""水果之乡""森林之海"，单是听到这些对台湾岛的美称，就已经能让人们为之动容了。

垦丁牧场

垦丁牧场是台湾最大的牧场。由于受强劲海风的影响，这里农作物不易成活，只适合牧草的生长，这样就为牛、羊提供了丰富的草料。想不到在海岛台湾，还能见到如此美景。

琉球龙宫

在台湾的岛屿中，有一些是珊瑚岛，比如东港海外的小琉球岛、东方的兰屿和小兰屿等。小琉球岛位于东港西南的海上，岛形南宽北窄，附近为浅海，水色澄清、游鱼可数，享有"琉球龙宫"之称。

水果之乡

台湾是著名的"水果之乡"。凡是中国南方产的水果，在台湾都有。黄澄澄的香蕉、个大味甜的菠萝、香飘飘的木瓜、无籽的柑橘、饱满诱人的龙眼、荔枝、杨桃、柚子、槟榔等不胜枚举。

奇特的阿里山

在台湾林林总总的高山中，阿里山以它奇特的林涛和云海为人称道。这里的森林、云海和日出，被称为阿里山的三大奇观。漫山遍野的樱花，也是阿里山的一大奇观，美丽异常。

稀奇的"冷泉"

与温泉恰恰相反的是"冷泉"，世界上只有稀少的几眼，而台湾就有一眼，它就在宜兰县的苏澳。苏澳冷泉与礁溪温泉、清水温泉同县邻乡，冷热竞涌，形成了鲜明的对比。

拓展　迷人的日月潭

日月潭又名双潭，因为潭中有一个小岛，小岛的北部像一轮太阳，南部像一轮新月，因此被称为"日月潭"。它的美在于环湖重峦叠嶂，湖面辽阔，潭水澄澈。七月泛舟在轻纱般的薄雾中，别有一番情趣。

海南岛

　　中国南海之滨，有一个风光旖旎的热带岛屿——海南岛。这里融碧水、蓝天为一色，烟波浩渺、帆影点点、椰林婆娑、奇石林立，是人们旅游度假的胜地。

热带森林

　　海南岛到处一派热带风光。有大片的热带森林，植物种类繁多，终年常绿。另外，还有许多独特的生长现象，比如：板状根、老茎生花等。

亚龙湾的美景

　　亚龙湾背依山峦，面朝大海，水天一色，沙鸥翔集。漫长的沙滩细软平坦，洁白无瑕。这里的海水也异常清澈，稍潜入海，就能看见绚丽多彩的珊瑚美景。

海上最大观音像

南山海上观音圣像分为三面，每一面都是一尊观音圣像，环绕一周即可发现三尊圣像各有特色。三尊观音手中分别持珠、持莲、持箧，各有寓意。

拓展 **美丽的三亚蜈支洲岛**

蜈支洲岛坐落在海南三亚市北部的海棠湾内，是海南岛周围为数不多的有淡水资源和丰富植被的小岛。这里淡水资源丰富，拥有2000多种植物，生长着许多珍贵的树种，如龙血树。同时也有情人桥、观日岩、观海长廊等美丽的景点。

多姿多彩的社会风貌

这里生活着黎族、苗族、壮族、回族等少数民族，各少数民族至今保留着许多本民族的传统习俗和生活习惯，从而使得海南岛的社会风貌多姿多彩。

"天涯海角"

天涯海角景区位于三亚市区天涯镇下马岭山脚下，前海后山，风景独特。步入游览区，沙滩上那一对拔地而起的高10多米、长60多米的青灰色巨石赫然入目。两块石头上分别刻有"天涯"和"海角"的字样，意为"天之边缘，海之尽头"。

天涯

空天阔海

永兴岛

永兴岛是一座珊瑚岛，是西沙群岛面积最大的岛屿。岛上林木茂密，最多的是椰树，仅百年以上树龄的就有 1000 多棵，主要景点有西沙海洋博物馆、西沙将军林、收复西沙纪念碑、西沙军史馆等。

西沙群岛

清澈幽蓝的海水、陡峭壮观的珊瑚礁林，浪涛拍岸，沙鸥翔集。静静地走在海边，海水会调皮地在你脚下嬉戏，海鸥会鸣叫着跟你打招呼，在西沙群岛，你可以尽情体验海岛的迷人风光。

拓展　　　　　神圣领土

西沙群岛中的珊瑚岛自 1956 年起被南越西贡政权占领，1974 年 1 月 17 日越军又占领了甘泉岛和金银岛。1974 年 1 月 19 日，中越西沙海战爆发，中华人民共和国取得了对西沙群岛的实际控制权。西沙群岛自古以来就是中国神圣不可侵犯的领土。

热带渔场

西沙群岛是中国主要的热带渔场，那里有珊瑚鱼类和大洋性鱼类 400 多种。西沙群岛是捕捞金枪鱼、马鲛鱼、红鱼、鲣鱼、飞鱼、鲨鱼的重要渔场。

鸟的天堂

西沙群岛上栖息着 40 多种鸟类，整个树林的上空，海鸟成千上万终日盘旋飞翔，成了西沙群岛的一大奇观。因此，这里又被称为"鸟的天堂"。最有趣的是鲣鸟，它会在大海中给渔船导航，渔民们称鲣鸟为"导航鸟"。

深海中的宝贝

这里的海产品十分丰富，名贵的资源不计其数。比如海龟之王棱皮龟，海参之王梅花参，还有南珠、麒麟等多种世界最名贵的珍珠。

舟山群岛

　　舟山群岛是中国第一大群岛，这里风光秀丽，气候宜人。星罗棋布的岛礁上生存着大量的海鸟，因此，舟山群岛也是海鸟的重要栖息地和候鸟迁徙的重要"驿站"。岛上这些美丽的景点，吸引了不少游客前来观光。

桃花岛

　　桃花岛地处浙江省舟山群岛东南部，为舟山群岛第七大岛。桃花岛四面环海，受海水温差的调节，冬无严寒，夏无酷暑，终年多雨，温和湿润。岛上的旅游资源丰富多样，自然景观与人文景观并茂。

海岛植物园

　　普陀山在舟山群岛的一个小岛上，被誉为"第一人间清净地"，四面环海，风光旖旎，幽幻独特。在这里，山石林木、寺塔崖刻都充满了佛国的神秘色彩。岛上古樟遍野、鸟语花香，有"海岛植物园"之称。

半个亚洲的信仰

　　普陀山是中国著名的观音道场。每逢朝圣佳日，四方信众聚缘佛国，诵经礼佛，通宵达旦，其盛况令人叹为观止。绵延千余年的佛事活动，使普陀山这块净土积淀了深厚的佛教文化底蕴。观音信仰已被学者称为"半个亚洲的信仰"。

鸟儿的驿站

　　舟山群岛是海鸟的重要栖息地和候鸟迁徙的重要驿站。岛上有珍贵的、濒危的鸟类——黑鹤，有国家二级保护动物松雀鹰等。另外还有数不清的各种鸟类，可以说是鸟类的天堂。

海市蜃楼

　　盛夏时节的庙岛列岛以海市蜃楼最为奇特。在雨过天晴后，海面上弥漫着云雾水汽，刮起微微的东北风时，最有可能出现神奇的海市蜃楼景象。

庙岛列岛

　　庙岛列岛又被称为长山列岛、长岛，位于山东蓬莱县长岛以北 50 千米处，由许多小型的礁石和小岛组成。庙岛列岛属山东省，为渤海门户，既是旅游胜地，又是军事要道。

万鸟岛奇观

　　在庙岛列岛的万鸟岛自然保护区内，山石嶙峋，非常适合鸟类繁殖和居住。数百年来，山崖下堆积的鸟粪厚达几米，是庙岛列岛上的一大奇观。

海上三神山

在中国著名神话小说《西游记》《镜花缘》中，庙岛列岛被形容成了一个人人向往的世外桃源。为此，庙岛列岛中的蓬莱、方丈、瀛洲自古就有"海上三神山"之称。

各具特色的岛上礁石

特殊的海蚀现象，使得庙岛列岛上，各具特色的海蚀地貌应有尽有。岛上礁石有的雄浑粗犷，有的古朴清幽，有的玲珑剔透，各具神韵，形成了庙岛列岛的奇景。

长山群岛

气候温和适中，景色秀丽迷人，鱼虾资源丰富。长山群岛宛如一颗颗未经雕琢的明珠镶嵌在中国北方沿海中，吸引着越来越多的旅游度假者。

别致的"獐子岛"

在长山群岛众多的景致中，值得一提的是獐子岛。相传数百年来，这里栖息着大量的鸟兽，以獐子最多。现在虽然没有了，但"獐子岛"的名称却流传至今。岛上青翠葱绿，十分秀美。

丰富的鱼虾资源

　　暖流与寒流交汇是构成长山群岛鱼虾资源丰富的一个主要因素。这里水肥滩沃，浮游生物很多，集中了大量鱼虾并促使它们迅速生长。

闻名中外的"四大特产"

　　海参、鲍鱼、干贝、对虾是长山群岛的"四大特产"，尤以海参、鲍鱼、对虾产量最多，闻名中外。

海岛风情

　　长山群岛地处大陆架边缘，水深一般不超出50米，这里阳光充足，海水透明度高，水温适中，冬季基本不结冰，因此海底植物较为繁茂。

大嵛山岛

　　有着"海上天湖"之称的大嵛山岛，风光秀丽，"天湖泛彩""南国天山""海角晴空"等景点深为游客喜爱，因此大嵛山岛被列为了国家级太姥山风景区四大景观之一。

跳水漳

　　跳水漳是大嵛山岛上最大的溪流，因河中巨石很多，漳水奔腾其间，因此得名。跳水漳所形成的沙洲，在风力作用下，被塑造成千种美丽的花纹图案。

名胜古迹

　　大嵛山岛上风光旖旎，有"天涯路""海角村""白莲飞瀑"和"观沧海"等名胜以及"清福寺""古炮楼""白莲寺""妈祖宫"等古迹。

万亩草场

大嵛山岛一年四季雨水充沛，土地肥沃，牧草丰富，形成了有"南国天山"美誉的万亩草场。在这里仿佛置身于"天苍苍，野茫茫，风吹草低见牛羊"的大西北草原。特别是在碧波万顷的东海之上，这样的美景让人赞叹！

资源丰富

大嵛山岛山地宽广、海域辽阔、气候宜人、景色秀丽。岛上有丰富的花岗岩、优质矿泉、草场资源等，海中盛产鳗鱼、带鱼、毛虾、七星鱼等多种海洋生物，是闽东最重要的渔场和渔业基地。大嵛山岛周围海域也是墨鱼的产卵场。

美妙的"天湖泛影"

大嵛山岛号称"岛国天山"，岛上山脉绵延，置身其中的游客完全感觉不到自己身处海岛，反而更像是登山游。蓝天、白云、赤日、明月以及周围的青山翠岭倒映湖中，构成了美丽的"天湖泛影"景观。

第二章　繁华的港口城市

　　当风帆扬起，蓝天白云下，满载憧憬的船只离开海港破浪远航；当夜幕降临、万籁俱寂时，柔静的海浪轻拍堤岸，万点灯火安然掩映，海港却仍张着臂弯，拥抱着故人新客，容纳着丰厚物资。港口城市牵动着整个地区的发展和脉动，这里有历史悠久的鹿特丹、优雅的汉堡、充满水上风情的威尼斯、彰显东方魅力的上海……快来领略世界各地港城的风采吧！

港口

港口通常由人工建设而成，是船舶进出、停泊、靠泊、卸客、货运送至本地或内陆各地的交汇地，具有相应的码头设施，由水域和陆域两部分组成。

自然条件

港口建设需要满足一定规格船舶航行与停泊的条件，优越的地理位置、广阔的水陆域、必要的泊位水深、良好的气象等条件都是港口赖以建设与发展的天然资源。

分类

港口按照用途，分为商港、军港、渔港等，按照所处地理位置，可分为海港、河港、河口港等。

港口城市

　　港口城市是依托港口建设起来的城市，一般位于湖泊、江河等水域沿岸，拥有港口并具有水陆交通枢纽职能。条件优越的港口城市在不断的发展中，成为现在重要的经济贸易中心。

功能

　　港口在经济发展中有着重要的作用。运输可以将全世界连在一起，港口就是运输中的重要环节。对于城市经济的发展、区域经济的发展都起着非常重要的作用。

鹿特丹

鹿特丹是世界著名的港口，荷兰第二大城市。历史中的鹿特丹几经兴衰，如今已成为一座拥有自己独特风格的大城市，同时也有"欧洲门户"之称。

花园式港城

鹿特丹宛如一座开放式的摩登艺术博物馆，多姿多彩令人赞叹。这里的街道整齐清洁，河道水波旖旎，鲜花绽放在各家窗台上，恬淡宁静，称得上"欧洲港口花园城市"。

"世界第一大港"

鹿特丹是荷兰和欧盟的货物集散中心和粮食贸易中心，是世界上货物吞吐量最大的海港之一，曾多年蝉联"世界第一大港"头衔。

天鹅大桥

　　伊拉斯谟斯大桥有一个非常好听的名字 ——"天鹅大桥"，因为它的设计简洁利落，桥身修长挺拔，远看宛如一只高贵优雅的白天鹅。

拓展 **郁金香之都**

　　郁金香是荷兰的国花，每年最接近 5 月 15 日的星期三，是荷兰的"郁金香节"。目前，荷兰每年培育大约 30 亿株郁金香。据推算，如果把这些郁金香全部排列起来，能够绕赤道 7 圈。

风车

　　风车是荷兰的象征之一，它们可利用风能将海平面以下低洼地中的积水排出。目前，全荷兰有超过 1000 座风车，其中以鹿特丹以东 15 千米的小孩堤防最为著名。

汉堡

汉堡是欧洲经济最发达的城市之一，也是德国最重要的海港。在这个世界大港里，四处弥漫着迷人的文化气息。汉堡被世人称作"世界桥城"。

毁灭性破坏

第二次世界大战期间，汉堡遭到严重破坏，85% 以上的建筑物被炸毁，古建筑几乎荡然无存。1943 年，盟军为了打击德国法西斯，开始了"罪恶城之战"，轮番轰炸之下，火焰风暴横扫汉堡。

码头

汉堡拥有多座多用途码头，包括集装箱码头、水果中心码头、林木专用码头、矿砂专用码头、邮轮码头等。

拓展   汉堡港口节

1989年，为了庆祝港口诞辰800周年，汉堡港在5月上旬举行了为期3天的盛大节日联欢。此后，港口节每年都会举办一次，而且越来越隆重。庆典活动很丰富，如大型帆船游行、赛龙舟、"港口之光"等。节日期间，整座汉堡城欢腾雀跃。

重振后的美丽

第二次世界大战后，汉堡并未就此一蹶不振，它重振旗鼓。如今的汉堡河道纵横，空气清新。这里工商业发达、船只往来如梭、飞机起降频繁、汽车昼夜奔驰。许多来到汉堡的人都形容这里有"迷人般的美丽"。

伦敦

　　因为有着"日不落"的沉浮，这里每一块砖石都积淀着历史的足迹；借着大文豪的羽翼，这里的每一条水道都流淌着诗性的感想。它是英国第一大港，位列于四大世界级城市——伦敦。

港口的历史

　　公元 43 年，在皇帝克劳狄的领导下，罗马帝国的铁蹄踏上大不列颠岛，泰晤士河北岸的一块土地被辟为通商港口，"伦敦城"雏形乍现。1588 年击败了西班牙无敌舰队后，英国成为海上新兴的霸权国家，号称"日不落帝国"。

"雾都"

　　伦敦空气湿润，多雨雾，市区常常弥漫着潮湿的雾气。20世纪初，伦敦人大部分都使用煤作为家居燃料，产生大量烟雾。这些烟雾再加上伦敦气候，伦敦就有了"雾都"的称呼。20世纪80年代后，交通污染取代工业污染成为伦敦空气质量的首要威胁。为此，政府出台了一系列措施，来抑制交通污染，包括优先发展公共交通网络、抑制私车发展等。经过50多年的治理，伦敦终于摘掉了"雾都"的帽子，城市上空重现蓝天白云。

贸易之都

　　伦敦位于大不列颠东南一角，现代化交通发达，经济贸易活跃，是全球闻名的"金融城""贸易之都"。

船业发展

　　伦敦港的船坞、码头沿泰晤士河的下游延伸达50千米，可以同时停泊150艘船。拥有众多封闭式港群，成为伦敦港的一大特色。

马赛

马赛，背山面海，气韵悠长；它是普罗旺斯首府，浪漫迷离；它是地中海最大的海港，南欧最大的集散中心，仅次于荷兰鹿特丹港，是欧洲第二大港口。

老港和新港

马赛港由老港和新港构成：老港位于城东，是欧洲最大的客运港；新港坐落于城西，以流通大宗货物为主，港区宽且深，现代化程度高，拥有世界上一流的天然气运输港。

发达的工业

马赛在港口附近建立炼油厂、化工厂和钢铁厂等，将进口原料加工为成品后再向外运出。目前，船舶、炼油、冶金已成为马赛的三大经济支柱，其炼油产量占全法国炼油总量的四分之一左右。

交通

马赛港腹地广阔、交通便利。通过高速公路、铁路、内河航道和空中航道，港口得以与巴黎及法国其他地区乃至邻国连接起来；通过苏伊士运河和直布罗陀海峡直达亚太、西非和拉美等地区。

拓展 普罗旺斯的薰衣草

普罗旺斯，无疑是全世界无数人心之所向之处——明媚的阳光、馥郁的田野、金色的向日葵、浪漫的薰衣草。马赛作为其首府，三面为山丘所环，一面向着蔚蓝大海，阳光充足，景色秀丽，气候宜人。

威尼斯

相传公元 453 年，一些渔民和农民为逃避战乱，来到亚得里亚海中一个小岛定居生活。就这样，威尼斯逐渐形成。它是意大利最为繁忙的港口城市，被誉为整个地中海地区最著名的集商业、贸易、旅游于一体的大都市。威尼斯开通有 177 条纵横河道，有 100 多个岛屿，其间以 400 多座桥梁相连，成为世界著名的"水上都市"，并被列入世界文化遗产名录。

狂欢节

狂欢节期间是威尼斯一年里最热闹的时候，大街小巷里的人们戴上面具，穿着贵族式的复古服饰，欢聚在一起。人们可以毫无顾忌，恣意狂欢。

彩色的房子

世界上色彩最鲜亮的地方莫过于威尼斯的布拉诺小岛。当地居民每年都要将房子的外墙粉刷一次，随着时间的推移，这个小岛上便出现了很多色彩斑斓的房子。这些漂亮的房子像彩虹一样点缀着每条小巷，夹着清澈的小河悠然延伸。

叹息桥建成于1603年，两端连结着总督府和威尼斯监狱。在古代，死囚们从法院到监狱途中，都会经过这里，在这段路上常常会有死囚发出叹息声，因此得名"叹息桥"。

优雅慵懒

　　威尼斯是一座充满浪漫魅力的城市，文化、艺术的美都在这波光碧影中闪闪发光。规模宏大的凤凰歌剧院、精美绝伦的圣马可广场、生动明快的威尼斯画派……古老的记忆随着河流绵延到了今天。威尼斯在悠悠的双桨中，慵懒前行。

黑色的贡多拉

　　贡多拉是一种月牙形的黑色小船，曾经的威尼斯贵族们就是靠着贡多拉上的华丽装饰来炫耀自己的财富，政府为了遏制这种奢靡的风气，颁布法令，禁止将贡多拉漆成彩色，贡多拉就变成了今天人们看到的黑色小船。

香港

　　曾经的它，被英国强占；1997 年的它回归祖国；如今的它，是"购物天堂"，是多元化交融的国际都市。香港港是全球最繁忙、效率最高的国际集装箱港口之一。

香港海洋公园

　　香港海洋公园是一座集海陆动物、机动游戏和大型表演于一身的世界级主题公园，为全球最受欢迎、入场人次最多的主题公园之一。公园依山而建，分为"高峰乐园"及"海滨乐园"两大主要景区。

国际金融中心

　　国际金融中心是香港作为世界级金融中心的著名地标，位于香港岛中环金融街 8 号，面向维多利亚港。总楼面面积达 43.6 万平方米。

尖沙咀

　　尖沙咀与香港岛的中环隔海相望，是九龙繁华的景点之一。人气爆棚的星光大道、热闹繁华的维多利亚港、琳琅满目的购物天堂，都是游客们流连忘返的原因。

旺角

旺角位于九龙中部，是一个"不夜城"。旺角的大街小巷中布满了有特色的店铺和商场，是潮流达人的集中地，有不少新奇的玩意儿，受到年青人欢迎。

杜莎夫人蜡像馆

香港杜莎夫人蜡像馆，是专门展览名人蜡像的博物馆。杜莎夫人蜡像馆总馆在英国伦敦，2000 年香港分馆开幕，馆内有超过 100 尊栩栩如生的名人蜡像。

拓展　香港维多利亚港

香港维多利亚港是位于香港岛和九龙半岛之间的港口和海域。其水面宽阔，景色迷人，每天日出日落，繁忙的渡海小轮穿梭于南北两岸之间，渔船、邮轮、观光船、万吨巨轮和它们鸣放的汽笛声，交织出一幅美妙的海上繁华景致。

2010 年 5 月 1 日 ~ 2010 年 10 月 31 日，第 41 届世界博览会在上海举行。作为中国首次承办的世博会，上海世博会以"城市，让生活更美好"为主题，总投资达 450 亿元人民币，创造了世界博览会史上最大规模纪录。

新"沪上八景"

想要了解上海的文化，一定要到新"沪上八景"看看，包括：外滩晨钟、豫园雅韵、摩天览胜、旧里新辉、十里霓虹、佘山拾翠、枫泾寻画、淀湖环秀。

上海

上海，简称"沪"，有"东方巴黎"的美称，中国直辖市之一，是中国的经济、金融中心，繁荣的国际大都市，地处长江入海口，东向东海，隔海与日本九州岛相望，南濒杭州湾，西与江苏、浙江两省相接。

海派文化

上海的海派文化，是建立在中国江南传统吴越文化的基础上，与开埠后传入的欧美文化等交融后逐步形成的，既古老又现代，既传统又时尚。

青岛

这是一座魅力之城，它坐拥仙山阔海；这是一座奇迹之城，它胸怀多样风格；这里红瓦绿树，碧海蓝天，这就是青岛。

江苏路基督教堂

江苏路基督教堂是一座典型的德国古堡式建筑，由钟楼和礼堂两部分组成，主要材料是花岗岩。钟楼高 39.1 米，在上面可以观看远处大海的景色，里面的礼堂宽敞明亮，能容纳 1000 多人，大厅高 18 米，两侧分为楼上楼下两层。

亚洲最好的奥运场馆

2008 年，青岛成功举办了第 29 届奥林匹克运动会和第 13 届残疾人奥林匹克运动会的帆船比赛，赛事水平得到了国内外的一致好评。青岛奥林匹克帆船中心被誉为"亚洲最好的奥运会场馆"。

青青之城

青岛被誉为"小上海"。漫步于海边，穿梭在街巷，绿意浸满整座城市。法国梧桐掩映着德式建筑，欧陆情调油然而生；8 月的啤酒节热情奔放；海岸风光缥缈优美。

天津

天津是中国四大直辖市之一，这里景色优美、物产丰富、文化荟萃，同时具有浓厚的天津地方民风民俗，丰富生动的近代历史遗迹，是一座历史悠久的文化名城，也是一座充满现代活力的国际港口都市。

古文化街

天津古文化街富有浓厚的历史味、文化味和天津味。整条街全长600多米，两端有巨型仿古牌楼，街道两边近百家店铺，主要经营文化用品、民俗用品、传统手工艺品等。

拓展 国家海洋博物馆——"海洋上的故宫"

国家海洋博物馆坐落在天津市，是中国有史以来的第一个海洋博物馆，其地位堪比故宫博物院，可以称之为"海洋上的故宫"。它不仅是天津滨海新区的文化地标，更是中国海洋事业的文化里程碑。

别致的小洋楼

天津有很多古朴漂亮的小洋楼，走在这样的街道上，总会被这些带有古老韵味的美景迷住，各种不同风格的建筑物争奇斗艳，因此天津又被称为"世界建筑博物馆"。

广州

　　广州是一座有悠久历史的文化名城；是中国对外贸易的重要港口城市；是中国第三大港口，港口货物吞吐量居世界港口第五位；是珠江三角洲以及华南地区的主要物资集散地和最大的国际贸易中枢港。

白云山风景区

　　白云山风景区位于广州市的东北部，自古就有"羊城第一秀"之称。峰峦重叠，溪涧纵横，登高可俯览全市，遥望珠江。每当雨后天晴或暮春时节，山间白云缭绕，蔚为壮观，白云山之名由此得来。

南海神庙

　　南海神庙又称波罗庙，是古代劳动人民祭海的场所，坐落在广州市黄埔区庙头村，是中国古代东南西北四大海神庙中唯一留存下来的建筑遗物，也是中国古代对外贸易的一处重要遗迹。

黄埔古港

　　黄埔古港位于海珠区石基村，它见证了广州"海上丝绸之路"的繁荣。黄埔古港地区分为4个功能区，即纪念展示区、古港公园区、栈道餐饮区及村头广场区。

宁波

宁波是浙江的经济中心之一。这里山清水秀、文化荟萃。属于典型的江南水乡兼海港城市，是中国大运河南端出海口、"海上丝绸之路"东方始发港。

象山影视城

象山影视城，是一个集文化、旅游、影视为一体的景点。坐落在风景秀丽的浙江象山县大塘港生态旅游区。包含了各种各样的自然景观以及风格独特的人工建筑，很多影视作品都在这里找到了合适的拍摄场景。

东钱湖

东钱湖又称钱湖、万金湖，是浙江省著名的风景名胜区，是远古时期地质运动形成的天然潟湖，被郭沫若先生誉为"西湖风光，太湖气魄"。东钱湖由谷子湖、梅湖和外湖组成。

月湖清真寺

清真寺是穆斯林举行礼拜，举办宗教活动的中心场所。位于海曙区月湖西后营巷的月湖清真寺，是宁波唯一的伊斯兰教建筑。清真寺建筑承袭了中国传统的古建筑风格，殿内没有任何神像，但绘有各种纹饰，异彩纷呈。

大连

大连，冬无严寒，夏无酷暑。在这个四季如春的城市里，有碧海蓝天、郁郁青山，风景十分秀丽，一派旖旎的海滨风光。

棒槌岛

棒槌岛是一处以山、海、岛、滩为主要景观的风景胜地。登临其上，市区景色和海滨风光尽收眼底。岛上散布着风格各异的别墅群，犹如鲜花散落在如茵的草地上。

老虎滩海洋公园

辽宁大连的老虎滩海洋公园是一座现代化海滨游乐场。园内有迷人的自然风光，建有极地海洋动物馆、海兽馆，还有中国最大的珊瑚馆、标志性建筑虎雕可供观赏。

海滨国家地质公园

大连海滨国家地质公园经过 5 亿~10 亿年的地层活动，形成了长 30 多千米的典型的海岸线上的海蚀地貌，是中国唯一的海岸带喀斯特地貌国家地质公园。园区岸壁的奇石景观形态各异、惟妙惟肖。

第三章　著名的海峡和海湾

　　广袤浩瀚、碧波万顷的海洋上，分布着风急浪高、有"海洋咽喉"之称的海峡。在海洋的边缘，又分布着众多水深浪小、有"船舶之家"之称的海湾。它们是自然地理的重要组成部分，也与人类社会的生活息息相关。

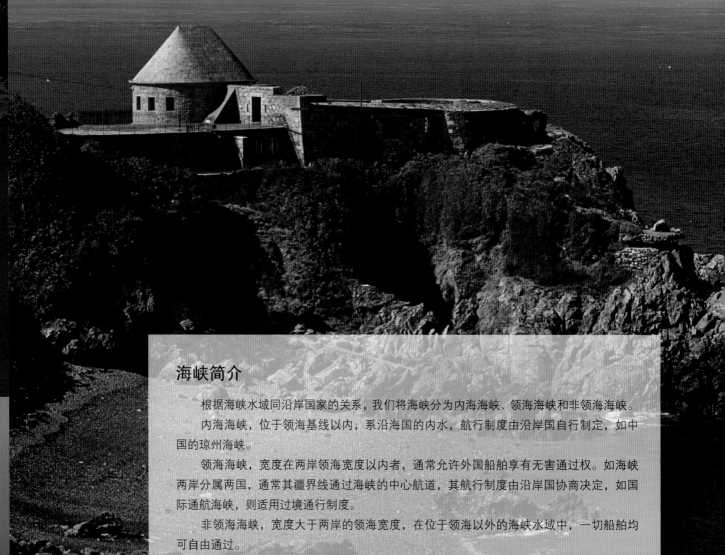

海峡和海湾

　　海峡是夹在两块陆地之间，联系两个海或洋的水域，它一般深度较大，水流较急。海湾是一片三面环陆的水域，另一面为海，有的形状像字母"U"，有的类似圆弧形等。

海峡简介

　　根据海峡水域同沿岸国家的关系，我们将海峡分为内海海峡、领海海峡和非领海海峡。

　　内海海峡，位于领海基线以内，系沿海国的内水，航行制度由沿岸国自行制定，如中国的琼州海峡。

　　领海海峡，宽度在两岸领海宽度以内者，通常允许外国船舶享有无害通过权。如海峡两岸分属两国，通常其疆界线通过海峡的中心航道，其航行制度由沿岸国协商决定，如国际通航海峡，则适用过境通行制度。

　　非领海海峡，宽度大于两岸的领海宽度，在位于领海以外的海峡水域中，一切船舶均可自由通过。

"海上走廊"——海峡

海峡是自然形成的，海峡两岸有比较多的港口或码头，又称之为港。大多数海峡是在经济、战略上很重要的地区，有"海上走廊"之称。很多战争都爆发于海峡区，因为控制这里就能控制海洋运输线。

海湾的形成

伸向海洋的海岸带岩性软硬程度不同，脆弱岩层不断遭受侵蚀而向陆地凹进，逐渐形成了海湾；当沿岸泥沙纵向运动，沉积物形成沙嘴时，海岸带一侧被遮挡而呈凹形海域；当海面上升时，海水进入陆地，岸线变曲折，凹进的部分即成海湾。

世界著名的海峡

海峡一般指被夹在两块陆地之间，连接两大海域的狭窄通道，它不仅是交通要道、航运枢纽，而且历来是兵家必争之地。世界上较大的海峡有 50 多个。

德雷克海峡

德雷克海峡位于南美洲南端与南设得兰群岛之间，是世界上最宽的海峡，也是世界上最深的海峡。这里是世界上已知的营养盐丰富，有利于生物生长的海区之一。德雷克海峡紧邻智利和阿根廷两国，是大西洋和太平洋在南部相互沟通的重要海峡，也是南美洲和南极洲分界的地方。在巴拿马运河开凿之前，德雷克海峡是沟通太平洋和大西洋的重要海上通道之一。

英吉利海峡

英吉利海峡，又名拉芒什海峡，是分隔英国与欧洲大陆的法国，并连接大西洋与北海的海峡。它是分割大不列颠岛和欧洲大陆的狭窄浅海，也是欧洲最小的一个陆架浅海。

英吉利海峡也是为数众多的入侵行动或意图入侵行动发生的重要地方。包括了罗马入侵不列颠，1066 年诺曼人入侵，1588 年西班牙无敌舰队远征，1944 年诺曼底登陆等。

直布罗陀海峡

直布罗陀海峡位于西班牙最南部和非洲西北部之间，长 58 千米；最窄处在西班牙的马罗基角和摩洛哥的西雷斯角之间，宽仅 13 千米。直布罗陀海峡是地中海与大西洋的唯一通道，也是大西洋进入地中海的咽喉，是一个兵家必争之地。

多佛尔海峡

多佛尔海峡位于英吉利海峡的东部，介于英国和法国之间，是连接北海与大西洋的通道。长 30~40 千米，最窄处仅 28.8 千米，是国际航运要道，西北欧 10 多个国家与世界各地之间的海上航线有许多从这里通过；同时它又是欧洲大陆与英伦三岛之间距离最短的地方。因此海峡的航运十分繁忙。

马六甲海峡

马六甲海峡是位于马来半岛与苏门答腊岛之间的海峡。马六甲海峡呈东南—西北走向。它的东南端连接南中国海，西北端通印度洋的安达曼海。海峡全长约 1080 千米，是连接沟通太平洋与印度洋的国际水道。

莫桑比克海峡

莫桑比克海峡是西印度洋的一条水道，东为马达加斯加岛，西为莫桑比克。早在 10 世纪以前，阿拉伯人就经过莫桑比克海峡，来到莫桑比克地区建立据点，进行贸易。莫桑比克海峡是从南大西洋到印度洋的海上交通要道，波斯湾的石油有很大一部分要通过这里运往欧洲、北美，因此它成为世界上最繁忙的航道之一，战略地位十分重要。

渤海海峡

  渤海海峡，中国第二大海峡，位于山东半岛和辽东半岛之间，是渤海和黄海的分界线，是渤海内外海运交通的唯一通道。在中国的版图上，渤海海峡正处于"雄鸡"的"咽喉"处，被辽东半岛到山东半岛的海岸三面环绕。庙岛列岛纵列于渤海海峡，有利于构筑工事，封锁渤海海峡，战略地位十分重要。

海防要地

  渤海海峡是中国海防要地。海峡南北长 57 海里，有大小水道 10 余条，是进出渤海的咽喉要道，是北京和天津的门户。历史上进入北京和天津的外国海军都是从渤海海峡进出的，在未来反侵略战争中，控制渤海海峡是从海上保卫华北地区的重要战略措施。

中国三大海峡

  在辽阔的中国海域上，有三大海峡，分别是渤海海峡、琼州海峡和台湾海峡。三大海峡有着各自独特的风光，并且有着极为重要的战略地位。

琼州海峡

  琼州海峡，又称雷州海峡，亦称雷琼海峡，是海南（琼州）岛与雷州半岛之间所夹的水道，为中国三大海峡之一。琼州海峡两岸的海岸曲折，呈锯齿状，岬角和海湾犬牙交错。

琼州海峡上的巨轮

2014 年 12 月 15 日，琼州海峡上出现了一艘巨轮——"凤凰岭号"。它载着 576 名乘客开启了海口至海安港的处女航之旅。这艘总长 127 米、船宽 20.5 米的"凤凰岭号"轮船，是迄今为止琼州海峡最大的客滚轮。

台湾海峡

台湾海峡，简称"台海"，是福建省与台湾省之间连通南海、东海的海峡。台湾海峡自古就是福建、广东人迁徙、来往台湾地区和大陆的重要通道。考古学和人类学认为，早在数万年前，台湾海峡就有古人类生活，台湾古人类是从福建长途跋涉迁徙到台湾的。

丰富的生物资源

台湾海峡资源丰富。这里暖寒水流交汇，水交换畅通，鱼虾种类多，是中国重要渔场之一。主要渔产有鲨鱼、鱿鱼、虱目鱼等。此外，海峡两岸还养殖了各种贝类、藻类。

墨西哥湾

墨西哥湾是北美洲南部大西洋的一个海湾，沿岸曲折多弯，由海岸地带、大陆架、大陆坡和深海平原等几个生态与地质区组成。面积 154.3 万平方千米。有世界第四大河密西西比河由北岸注入。

海湾风景

海湾岸边有很多沼泽、浅滩和红树林。沿海多沙质海岸，有沙嘴、沙洲、沙堤等地貌，沙堤与海岸间还形成一系列潟湖和小湾。

拓展

墨西哥湾漏油事故

2010年墨西哥湾漏油事故又称英国石油漏油事故，是 2010 年 4 月 20 日发生的一起墨西哥湾外海油污外漏事件。起因是英国石油公司所属一个名为"深水地平线"的外海钻油平台故障并爆炸，导致了此次漏油事故。爆炸同时导致了 11 名工作人员死亡及 17 人受伤。据估计，每天平均有 1.2 万~10 万桶原油漏到墨西哥湾。专家们担心此次漏油会导致一场环境灾难，影响多种生物。此次漏油还影响了当地的渔业和旅游业。

世界第一大暖流

墨西哥湾汇聚了北赤道洋流和南赤道洋流的一部分，接纳了大西洋暖流，加勒比海暖流也穿过尤卡坦海峡流入墨西哥湾中，使海湾变成了一个巨大的热水库。墨西哥湾暖流是世界第一大暖流。

游钓之地

墨西哥湾的沿岸水域被广泛用作游钓之地，尤其是钓红鲷、比目鱼和大海鲢。划船、游泳和戴水肺的潜水也都是很流行的娱乐活动。海湾沿岸已成为极受欢迎的旅游胜地，尤其是在冬季。

生物资源

墨西哥湾的海岸是水禽和海鸟的主要栖息地。大群的燕鸥、鲣鸟、鹈鹕和其他海鸟都在墨西哥湾过冬。这里缺少海洋哺乳动物，连唯一有重要意义的加勒比海牛数量也正日益减少。

孟加拉湾

　　孟加拉湾，印度洋北部一海湾，西临印度半岛，东临中南半岛，北临缅甸和孟加拉国，南在斯里兰卡至苏门答腊岛一线与印度洋相交，经马六甲海峡与暹罗湾和中国南海相连，面积约 217 万平方千米。

兰里岛

　　兰里岛，又称延别岛，隶属缅甸，位于孟加拉湾东岸，面积约 2300 平方千米，是缅甸的第一大岛。岛上多红树林沼泽，居住着数万只鳄鱼。兰里岛之战是发生在第二次世界大战末期，英国与日本军队之间的一场小战役。这场战役的重要性很小，但期间发生了一件很特别的事情，近千名日军士兵被鳄鱼吃了，据说是历史上鳄鱼食人事件中死亡人数最多的一次。

热带风暴

　　孟加拉湾是热带风暴孕育的地方。1970 年 11 月 12 日，孟加拉湾形成的一次特大风暴袭击了孟加拉国，30 万人被夺去生命，100 多万人无家可归。

"U"字形的深海盆

孟加拉湾的深海盆大致呈"U"字形，深度达 4500 米。盆底有两个特征：东部有很直且长达 5000 千米的东经 90 度海岭，以及由陆架沉积物冲积而成的恒河三角洲。

孟加拉湾芋螺

螺体呈倒锥形，而且极其坚实。芋螺壳或重或轻，壳顶扁平，或有一个伸出的螺塔部，有的壳表面平滑，有的有螺旋状装饰，色彩及花纹斑斓多彩，因此颇受收藏者青睐。芋螺的壳口十分狭长，壳皮厚而粗。

主要港口

孟加拉湾沿岸贸易发达，主要港口有：印度的加尔各答、金奈、本地治里，孟加拉国的吉大港，等等。

阿拉斯加湾

阿拉斯加湾是世界著名海湾，位于美国阿拉斯加州南端，介于阿拉斯加半岛与亚历山大群岛之间，为北太平洋自然条件较好的海湾之一。

阿拉斯加湾的冰河湾

阿拉斯加湾的冰河湾形成于 4000 年前的小冰河时期，数千年后冰河不断向前推进，在 1750 年时达到鼎盛后开始融化后退。

丰富的资源

湾北的美国阿拉斯加州有丰富的石油和天然气资源，纵贯该州的阿拉斯加输油管直通湾内的北美洲最北部的不冻港瓦尔迪兹。湾区划入楚加奇国家森林区，区内有捕鱼、采矿和林业等。航运业则集中在瓦尔迪兹港及哥多华。

泄油污染

1989 年 3 月 24 日上午 12 时 4 分，艾克森公司油轮"艾克森瓦尔迪兹号"在布莱暗礁触礁，致使该湾区出现大量泄油。因控制不及时，加上狂风大浪，约 1090 万桶原油泄进湾区，使海岸线及附近海域遭到污染。

海上航道咽喉

阿拉斯加湾沿岸分布着安克雷奇、西厄德、科尔多瓦等良港，是美国宣布战时必须首个控制的海上航道咽喉。海湾及其南部水域是连接阿拉斯加与美国本土西部的海上走廊，是海上咽喉要道之一。

挪威峡湾

在挪威众多秀丽的自然景观中，峡湾最具有挪威特色，也最具有代表性。挪威峡湾以其气势磅礴和多姿多彩而闻名于世，被联合国教科文组织列入世界遗产名录。峡湾是挪威人的骄傲和自豪，被视为挪威的灵魂。

著名的"峡湾国家"

挪威以峡湾闻名，有着"峡湾国家"的美誉。曲折的峡湾和冰河遗迹构成了壮丽而奇异的峡湾风光。挪威人视峡湾为灵魂，并以峡湾为荣，认为峡湾象征着挪威人的性格。

极昼

　　挪威是欧洲纬度最北的国家，有"午夜太阳之地"的别称。挪威有些北部区域每年夏季都有两个月的时间是极昼，所以挪威是名副其实的"日不落王国"。

万岛之国

　　挪威蜿蜒曲折的海岸线长达 2 万多千米，在峡湾的入海口分布着 15 万个大大小小的岛屿，所以挪威也被称为"万岛之国"。

峡湾动物

　　峡湾中人们养的马、羊和牛占据着相当大的一片草地，吃草或晒太阳，或是更自由地在山间游荡。有趣的是它们都不喜群居，多的也就是三五只在一起。

胶州湾

　　胶州湾位于中国山东省山东半岛南部，又称胶澳，面积446平方千米，为伸入内陆的半封闭性海湾，青岛港位于湾口北部，是山东省及中原部分地区重要的海上通道之一。

日益缩小的面积

　　海湾的自然变异，以及人类的过度开发，导致了胶州湾面积不断缩小，其中过度的围填海工程是决定性因素。

胶州湾事件

　　1897年11月10日，德国舰队向胶州湾进发。11月14日黎明，德国士兵趁着未散的晨雾，占领了清军后海营房和火药库，随后逼退清军。德国海军的三色战旗赫然升起。这就是耻辱的"胶州湾事件"。

拓展　**胶州湾跨海大桥**

　　胶州湾跨海大桥是中国自行设计、施工、建造的特大跨海大桥。大桥全长36.48千米，超过中国杭州湾跨海大桥和美国切萨皮克湾跨海大桥，是当今世界上最长的跨海大桥，也是世界第二长桥。

青岛的母亲湾

　　胶州湾是青岛的母亲湾。南胶河、大沽河等都注入其中。湾内港阔水深，风平浪静，海水终年不冻，是一个天然优良港湾。

辽东湾

辽东湾，中国渤海三大海湾之一，位于渤海东北部。西起中国辽宁省西部六股河口，东到辽东半岛西侧长兴岛。辽东湾有辽河、大凌河、小凌河等注入。主要港口有营口、秦皇岛和葫芦岛等。

辽东湾上的冰圈

2011年葫芦岛海域发现的"冰圈"奇观，不仅在辽东湾海域是首次，即使在全国也可以堪称首次发现。"冰圈"现象在全球非常罕见，通常只发生在北极、斯堪的纳维亚、加拿大等地区。

辽东湾经济区

辽东湾经济区位于渤海东北部，东北大陆西南的沿海地带。西起绥中东戴河，南至长兴岛。由辽河三角洲经济区和辽西沿海经济区组成。交通发达，物产资源丰富，是环渤海经济圈的重要组成部分。以营口为中心，辐射整个辽东湾区域，其他城市有锦州、葫芦岛、盘锦、瓦房店、绥中、海城等。

湿地海洋自然保护区

辽东湾湿地海洋自然保护区，位于辽宁盘锦，保护对象为湿地生态系鸟类、斑海豹等珍稀动物。

大亚湾

中国南海重要海湾，位于广东省东部红海湾与大鹏湾之间，总面积650平方千米，黄金海岸线达52千米。海岸轮廓曲折多变，主要港湾有烟囱湾、巽寮港、范和港、澳头港、小桂湾、大鹏澳。湾中岛屿众多，西北部和中部有港口列岛、中央列岛，湾口有辣甲列岛和沱泞列岛。

大甲岛

大甲岛海域开阔宽广，海水清澈透明，沙滩平展如镜，海沙湿软细滑，是一个天然的浴场，岛上植被茂盛，郁郁葱葱，海韵迷人。岛上已建成度假村，服务设施完善，是度假、休闲、疗养的好去处。

穿洲岛

穿洲岛，又名"穿珠岛"。相传当地祖辈们，不论出海捕鱼或是谋生，经过此岛，必须在石门下休整，烧香拜神后再起航。真乃是古语所云"穿洲过海"。现在，穿洲岛的石门已不能驶入船只，然而"穿洲岛"的名字却流传至今。

三门岛

三门岛是大亚湾最大的岛屿，岛上山峦叠翠，淡水资源丰富，各种植物达400多种，有"海上动植物乐园"之称。眺望礁石万状，惊涛拍岸，浪花如雪，美丽的海岛风光尽收眼底，海蓝沙白，海风摇翠，极具浪漫色彩。

渤海湾

渤海湾是中国渤海三大海湾之一，位于渤海西部。北起河北省乐亭县大清河口，南到山东省黄河口，有蓟运河、海河等河流注入。海底地形大致自南向北，自岸向海倾斜，沉积物主要为细颗粒的粉砂与淤泥。渤海湾中有丰富的石油储藏。其北部是著名的旅游和度假区，西部的天津港是重要港口。

水下资源

渤海湾有丰富的油气资源，是中国油气资源较丰富的海域之一。地下热水资源也丰富。渤海湾滩涂广阔，淤泥滩蓄水条件好，利于盐业开发。渤海湾浮游生物和底栖生物多，出产多种鱼、虾、蟹、贝。

独特的湿地环境

渤海湾沿岸河流众多，湖泊、池塘、水库、洼淀、河口星罗棋布，再加上漫长的浅海滩涂，构成了丰富多样的湿地景观。独特的地理位置，良好的湿地环境，使渤海湾成为中国东部湿地水鸟的重要分布区。该地区水鸟资源丰富，主要体现在种类多、数量大、珍稀濒危物种出现频率高等方面。

杭州湾

杭州湾有钱塘江、曹娥江注入,是一个喇叭形海湾。湾底的地貌形态和海湾的喇叭形特征,使这里常出现涌潮或暴涨潮。杭州湾以海宁潮(钱江潮)著称,是中国沿海潮差最大的海湾。

拓展　秦山核电站

秦山核电站坐落于浙江省嘉兴市海盐县秦山镇双龙岗,面临杭州湾,背靠秦山,这里风景似画、水源充沛、交通便利,又靠近华东电网枢纽,是建设核电站的理想之地。

位置

杭州湾位于中国浙江省东北部,西起浙江海盐县澉浦镇和上虞区之间的曹娥江收闸断面,东至扬子角到镇海角连线。与舟山、北仑港海域为邻;西接绍兴市,东连宁波市,北接嘉兴市、上海市。

杭州湾跨海大桥

杭州湾跨海大桥是一座横跨杭州湾海域的跨海大桥,全长 36 千米,是世界上著名的跨海大桥,比连接巴林与沙特的法赫德国王大桥还长 11 千米,成为继美国的庞恰特雷恩湖桥、中国胶州湾大桥后世界第三长的桥梁。

泉州湾

　　泉州湾是晋江、洛阳江汇合入海的半封闭海湾，海岸线140余千米。泉州湾跨海大桥建成后，泉州湾跨海大桥和晋江大桥、后渚大桥将泉州湾连成一个完整的"环"。

泉州湾跨海大桥

　　泉州湾跨海大桥位于东亚文化之都、海上丝绸之路起点泉州市。大桥全长26.699千米，是福建省目前在建最长的桥梁。泉州湾跨海大桥是泉州环城高速公路的重要一环，它的建设对促进泉州海湾型城市的形成具有十分重要的战略意义。

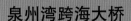

位置

　　泉州湾位于东亚文化之都泉州市，北起惠安县的崇武半岛，南至石狮市的祥芝角，位于泉州市东部，是泉州三湾（泉州湾、湄洲湾、围头湾）中最重要的一湾。

四大支港

　　古泉州港的四大支港为法石港、后渚港、洛阳港、蚶江港，此外还有崇武港、秀涂港、石湖港等港口。最著名的是后渚港，习称泉州港，又称刺桐港。

第四章　旖旎的半岛

　　半岛是连接大海和陆地的美丽"桥梁"，世界各地的半岛各具特色，它们汇聚着美景、财富，成为非常具有诱惑力的旅游度假地。珍禽异兽、历史传说、诗情画意，形成了独具特色的半岛文化。

半岛

　　世界上面积最大的 3 个半岛都集中在亚洲，分别是阿拉伯半岛、印度半岛和中南半岛。半岛因为其特殊的地理环境，分布有很多良港。这些良港是半岛地区经济发展的重要依托。

半岛的地貌

　　半岛是指陆地一半伸入海洋或湖泊，一半同大陆相连的地貌状态，它的其余三面被水包围。

半岛的分布

　　从分布特点看，世界主要的半岛都在大陆的边缘地带。中国的半岛则主要分布在沿海地区，半岛气候都属于季风气候。

水陆兼备的特点

半岛的主要特点是水陆兼备，如果配合其他良好条件，就会成为人们所说的半岛优势圈。沙嘴和海角也可以说是一种半岛。

半岛形成的原因

半岛除了受地质构造断陷作用而成，也会由于沿岸泥沙流携带泥沙由陆向岛堆积，或岛屿受海浪侵蚀使碎屑物质由岛向陆堆积，逐渐使岛与陆相连，形成陆连岛。

巨大的石油财富

阿拉伯半岛上的石油储量居世界第一。是该地区重要的经济资源。波斯湾沿岸盛产石油，有"世界油海"之称。给波斯湾周围的国家带来了巨大的财富。

阿拉伯半岛

阿拉伯半岛位于亚洲，有沙特阿拉伯、也门、阿曼、约旦、伊拉克、以色列等国家。其中沙特阿拉伯面积最大。阿拉伯半岛面积约 300 万平方千米，主要的土地可以分为沙漠和草原，是世界上最大的半岛。

魅力城市——迪拜

迪拜位于阿拉伯半岛东南部，有世界最高摩天大楼、最大购物城、最大的人工岛、最豪华的酒店等，加上非常好的社会治安状况，使迪拜的知名度一跃而起。丰富多彩的多元文化使这个充满魅力的城市焕发着光彩。

伊斯兰教的诞生地

阿拉伯半岛是伊斯兰教的诞生地。伊斯兰教的创教人穆罕默德在这里出生和生活。半岛上的麦加是伊斯兰教的圣地。

骆驼

骆驼一直是阿拉伯人赖以从事游牧生活的主要牲畜，它不仅能为贝都因人提供深入沙漠达数月之久的乳汁，还为人们提供肉食、衣服、燃料（粪便）、运输以及驮水和拉犁的畜力。

巴尔干半岛

巴尔干半岛与伊比利亚半岛、亚平宁半岛并称为南欧三大半岛。南临地中海重要航线，东有博斯普鲁斯海峡和达达尼尔海峡扼住黑海的咽喉，地理位置极为重要。地形以山地为主。

欧洲"火药库"

从 19 世纪初期起，巴尔干半岛就成为俄、奥、英、法激烈争夺的地区，多次发生战争，有"欧洲火药库"之称。

萨拉热窝事件

1914 年 6 月 28 日，巴尔干半岛的波斯尼亚，奥匈帝国皇位继承人斐迪南大公夫妇被塞尔维亚族青年普林西普枪杀。起初，人们并没有对此感到有什么异常，但在事发的一个多星期后，欧洲列强居然把它炒作成一场沸沸扬扬的"七月外交危机"，进而引发第一次世界大战。

古希腊文化的发祥地

巴尔干半岛历史悠久，是人类文明较早发祥地之一。南部是古希腊文化的发祥地。公元前 2 世纪以后，曾先后被罗马、拜占庭（东罗马帝国）、阿瓦尔（柔然）、奥斯曼土耳其等帝国所统治。

南斯拉夫人

出现在南斯拉夫最早的居民是伊利里亚人、色雷斯人和马其顿人。6 世纪，斯拉夫人的一支开始突破拜占廷帝国的多瑙河防线，侵袭巴尔干半岛。7 世纪，他们在巴尔干半岛定居下来，逐渐同当地土著居民融为一体，统称南斯拉夫人。

葡萄酒危机

作为葡萄酒盛产地的巴尔干半岛，经过南斯拉夫长期的统治，葡萄酒的生产陷入僵化，同时技术过于老旧，更是让葡萄酒业雪上加霜。在巴尔干半岛众酒厂数年来的努力下，终于度过了葡萄酒危机。

印度半岛

印度半岛是亚洲南部三大半岛之一，是世界第二大半岛。半岛人口占亚洲人口的三成多。由于受喜马拉雅山脉阻隔，形成了一个相对独立的地理单元。这里地理特征繁多，如冰河、热带雨林、谷地、沙漠和草原等。

地形特点

印度半岛平均海拔 600 米。东、西缘沿海岸分别纵列着东、西高止山脉，两山之间是海拔约 600 米的德干高原，外侧山麓有狭窄的山前沿海平原，内部分布着许多被河流切割而成的河谷盆地和丘陵、山地。

丰富的植物资源

印度半岛拥有热带、亚热带、温带、寒带高山植物 3 万多个品种。森林的覆盖率非常可观，拥有 7400 万公顷的森林面积。

"动物王国"

印度半岛有"动物王国"之称。这里有7万多的动物品种。其中最出名的是狮子和老虎，被誉为印度的国兽，它们是权力和威武的象征，受到人们的崇敬。

漂亮的印度服饰

印度妇女传统服饰，是用一块完整的布包裹出来的，这块布称为纱丽。印度纱丽的穿裹方式多样，不同的种族、区域、信仰，会有许多不同的色彩和穿裹方式。

班加罗尔

班加罗尔是印度政府工业投资的重点地区之一。有印度主要的飞机制造、电器、通信设备、汽车制造等工厂。市内还保留有1761年所建的石造城和古寺院等史迹，古堡中心的旁边，有广大的庭园，及宏伟壮观的现代化建筑。

中南半岛

中南半岛是亚洲南部三大半岛之一。位于中国和南亚次大陆之间，西临孟加拉湾、安达曼海和马六甲海峡，东临太平洋的南海，为东亚与群岛之间的桥梁。

地势特征

中南半岛地势具有 3 个比较明显的特征：第一，地势大致北高南低，多山地、高原；第二，地势久经侵蚀而呈准平原形状发育；第三，平原多分布在东南部沿海地区，主要是大河下游的冲积平原和三角洲。

掸邦高原

中南半岛的中部为中国横断山脉向南的延续部分，在缅泰边界有登劳山、他念他翁山脉和比劳克东山，向南伸入马来半岛，在缅甸境内山体较宽较高，成为东南亚面积最大的高原——掸邦高原。

丰富的自然资源

中南半岛上蕴藏大量矿藏资源，主要有煤、宝石、岩盐、石油和天然气。此外，水力资源和森林资源也相当丰富。半岛上的国家均为农业国，产柚木、橡胶、水稻、甘蔗、油棕、椰油、胡椒等，其中橡胶和油棕产量居世界首位。

洞里萨湖

洞里萨湖是东南亚最大的淡水湖泊。湖滨平原平坦、广阔，像一块巨大碧绿的翡翠，镶嵌在柬埔寨大地之上，为高棉民族的发展与繁荣提供了坚实的资源保障，是柬埔寨人民的"生命之湖"。

拉布拉多半岛

拉布拉多半岛是北美洲最大的半岛，位于加拿大东部，东南以贝尔岛海峡与纽芬兰岛相隔。面积约140万平方千米。岛上除白人外，还有印第安人和因纽特人。

"湖泊高原"

拉布拉多半岛湖泊众多，有"湖泊高原"之称。河流富水力，多源出中部，常与湖泊、瀑布串连，各自入海。东南部河流为雨水补给，其余地区河流则为冰川融水补给。

印第安人

印第安人又称美洲原住民，是除因纽特人外的所有美洲土著居民的总称。印第安人以前被称为红种人，因为他们的皮肤经常是红色的，人们后来才知道这些红色是由于习惯在面部涂红颜料所给人的错误认识。

因纽特人

因纽特人的住房有石屋、木屋和雪屋。房屋一半陷入地下，门道极低。他们一般养狗，用以拉雪橇。他们主要从事陆地或海上狩猎，辅以捕鱼和驯鹿，以猎物为主要生活来源。男子狩猎和建屋，妇女制皮和缝纫。

地形特点

拉布拉多半岛海岸线曲折交错，多为峡湾。地表起伏变化不大，海拔约为 300~900 米，属于低高原。北部托加特山海拔 1500 米以上，有冰槽谷等冰碛地貌。

丰富的资源

拉布拉多半岛上有拉布拉多狼、拉布拉多猎犬、麋、驯鹿、黑熊、北极熊、海豹等动物。矿藏丰富，有富铁矿可露天开采，此外还有铜、石墨、云母、镍等。居民稀少，多从事渔业、狩猎和毛皮加工业。

索马里半岛

索马里半岛是非洲东部的半岛，呈三角形，向东北突出，因此又被称为"非洲之角"。位于亚、非两大洲交界处，是地中海和印度洋间海上航道要冲，地理位置极其重要。

"非洲之角"

索马里半岛也叫"非洲之角"。600 多年前，中国明朝的航海家郑和曾率领一支庞大的船队到达过这里。

"香料王国"

索马里又是"香料王国"。盛产各种名贵的香料，占世界总产量的一半。

索马里海盗

索马里海盗，是一群专门在海上抢劫其他国船只的犯罪者。随着 1991 年索马里内战的爆发，亚丁湾这一带海盗活动更加猖獗，曾多次发生劫持、暴力伤害船员事件。

红海的门闩

索马里半岛地处亚、非、欧三洲的交通要冲，扼守着红海通向印度洋的门户。从波斯湾开出的油轮，经马六甲海峡开来的轮船，都要经过这个门户才能进入红海、地中海，因此有"红海的门闩"之称。

不同语言的民族部落

在索马里半岛有一些不同语言的民族部落，他们是阿法尔人、索马里人、比林人、赫达勒布人、库纳马人、纳拉人等，还有很多其他的小部落。

战争多发之地

小亚细亚半岛在历史上一直是战争多发之地。伯罗奔尼撒战争、基督徒与穆斯林之间的惨烈战争、达达尼尔战役都发生在这里。在人类历史上，像小亚细亚半岛这样战事频发、战火连绵不断的地域实在不多见。

小亚细亚半岛

　　小亚细亚半岛，又称安纳托利亚半岛，是亚洲西部的半岛，位于土耳其境内。北临黑海，西临爱琴海，南濒地中海，东接亚美尼亚高原。主要由安纳托利亚高原和土耳其西部低矮山地组成。

爱琴海

　　爱琴海位于希腊和土耳其之间，是地中海的一部分。海岸线非常曲折，岛屿众多。岛屿之间的距离很近，站在一座岛上，能将对面海岛的景色看得清清楚楚。

肚皮舞

在土耳其真正看到舞蹈家表演的肚皮舞时，看到的不只是跳舞，而是生活，是艺术，是让生活充满激情和阳光的运动。

骆驼斗兽节

每年冬季的某个假日，来自土耳其各地的骆驼同赴此地，人们载歌载舞，迎接一只只妆点鲜艳的动物战士。它们将迎来一场其实无关胜负的战役。

雄浑的文化力量

公元前 1200 年，著名的特洛伊战争发生在土耳其的爱琴海沿岸，为这个充满神秘感的地方画上了一抹与众不同的颜色。随后，古罗马帝国、拜占庭帝国先后统治过这块神奇的大地。历经无数变更之后，雄浑的文化力量也渐渐沉淀在这片土地上。

泰梅尔半岛

泰梅尔半岛是亚洲大陆最北端的一个半岛。西及西北濒喀拉海及叶尼塞湾，东到东北临拉普捷夫海及哈坦加湾，北隔维利基茨基海峡与北地群岛相望。属于寒带苔原气候。

切柳斯金角

切柳斯金角位于亚欧大陆最北点，在俄罗斯东西伯利亚北部泰梅尔半岛的北端，临北冰洋，附近建有水文气象站。1742年，俄国大北方探险队的成员切柳斯金首先到此。

泰梅尔湖

泰梅尔湖是泰梅尔半岛上的一个淡水湖。很多年前是一构造凹地，经过多年冰川刻蚀而成。南岸平缓，东北岸陡峭。靠雪水和雨水补给。

迪克森

迪克森位于泰梅尔半岛西北端、叶尼塞湾口东岸，水深，可泊海轮，是北海航线上的重要港口及燃料补给基地。此处有机场、水文气象站、北极无线电气象中心、地球物理天文台和鱼类加工厂。

叶尼塞湾

叶尼塞湾位于泰梅尔半岛与格丹半岛之间，叶尼塞河注入其中，湾口有西比里亚科夫岛和迪克森岛，捕鱼业及捕猎海豹、白鲸业颇盛，入口处东岸有迪克森港。

山东半岛

山东半岛位于山东省东部，与辽东半岛、雷州半岛合称"中国三大半岛"。胶东半岛是其一部分。

崆峒岛

崆峒岛风景优美，造型奇特的礁石随处可见，山光水色浑然一体。游人可以欣赏到美丽的海岛风光，岛上还有赶海拾贝、钓鱼、游泳等娱乐项目，让游客充分体验休闲度假的乐趣。

三面环海

山东半岛三面临海，包括青岛、烟台、威海等城市。有蓬莱阁、崂山、刘公岛等重点风景名胜区。

特色半岛经济

山东半岛开发较早。自古渔盐业、冶铁业和丝麻纺织业得到了发展。如今成为全国著名的花生、果品、水产品和柞蚕丝生产基地。

神话传说

山东半岛历来都蒙着一层神秘的面纱，因为这里时常出现海市蜃楼，这激发了人们无限的遐思，为富有想象力的半岛神仙文化奠定了基础。

蓬莱阁

蓬莱阁建于山顶。远远望去，楼亭殿阁掩映在绿树丛中，高踞山崖之上，恍如神话中的仙宫。蓬莱的魅力不仅在于它厚重的历史文化积淀，也来自于苍茫豪放的山海风光。

资源丰富

辽东半岛的矿产资源、生物资源和旅游资源都十分丰富。出产海带、贻贝、海胆等产品。大豆是辽东半岛的传统农作物，这里还盛产高粱、玉米、水稻、棉花、花生、烤烟、柞蚕丝等。

辽东半岛

辽东半岛与山东半岛、雷州半岛合称"中国三大半岛"，位于辽宁省南部。它三面临海，千山山脉从南至北横贯整个半岛。半岛沿海地带是平原，海中有很多岛屿，著名的有蛇岛（小龙山岛）、长山群岛等。

辽东湾

辽东湾除了捕捞水产品、种苇、晒盐外，海水养殖和围垦也是一项重要的工作，因此它成了中国北部海运、渔业的重要基地。有营口港、葫芦岛港、秦皇岛港等良港。

蛇岛

蛇岛，又名"小龙山岛"。岛上有蛇13000余条。蛇岛是世界上唯一的只生存单一蝮蛇的海岛，岛上的蝮蛇毒性很大。岛上的蛇一般不袭击人，只要不触犯它，即使离它很近也无危险。

辽东半岛之战

辽东半岛之战是日本帝国主义在英、美等国支持下发动的侵略中国的非正义战争，1894年10月24日爆发，1895年3月9日结束，历时近5个月，最后以清政府的屈辱求和而告终。

老铁山

老铁山上遍布灌木丛林，是候鸟迁徙的理想休息站。每年秋季，大批鸟类经过这里都会停留数日，到南方过冬，春季再返回，因此老铁山有"鸟栈"之称。

澳门半岛

澳门半岛是澳门最早开发的地区，它的历史已经超过400年。澳门半岛最早是海岛，因为泥沙冲积，变成一道南北方向的沙堤，这个小岛成为与大陆一体相连的半岛。

澳门赌场

置身澳门，就免不了接触各种各样的赌场文化。在这里，赌博被披上了合法的外衣，赌场每年上缴的税金成了当地政府的主要收入来源。甚至澳门的很多老人家也热衷于这种休闲游戏，每天都要逛逛赌场消耗一大把时间。这里的赌场还变身成了旅游景点，每年吸引游客无数。

拓展　　　　**大三巴牌坊**

大三巴牌坊是澳门最具代表性的名胜古迹，为1580年竣工的圣保禄大教堂的前壁，此教堂糅合欧洲文艺复兴时期与东方建筑的风格而成，体现出东西方艺术的交融。雕刻精细，巍峨壮观。

松山灯塔

名闻遐迩的松山灯塔，位于澳门松山之巅，是中国沿海华南地区最古老的一座灯塔。它能发射出巨大光柱横空扫射，给夜航者指引着方向。1874 年 8 月被台风摧毁，1911 年重建。经过 1996 年的修缮，恢复了教堂和庭院的原貌。

青洲山

青洲山位于澳门半岛西北部。原为孤悬于濠江中的一个小丘，江水环绕，风景优美，绿树苍翠，故名青洲。1890 年在莲峰庙附近修筑一堤，使之与澳门半岛相连。后来又陆续在山麓周围填海。

妈阁山

妈阁山位于澳门半岛的南端，因妈祖阁而得名。妈阁山三面朝海，山上林木繁多，风景优美。

莲峰山

莲峰山又名莲花山。传说，此山因形似莲花而得名。山高 62 米，突兀拔起，宛如花球，山又多奇石，千姿百态，山顶岩石远望如观音端坐莲臂，其他岩石烘托如云，更像是莲花盛开。

香港九龙半岛

　　九龙半岛是香港的三大区域之一，也是除了香港岛以外市区的主要组成部分。九龙半岛以尖沙咀、油麻地及旺角最具吸引力，这些地区购物、饮食、娱乐与文化应有尽有，与港岛不分高下。

第四章
旖旎的半岛

九龙的命名典故

　　相传很久以前，香港九龙半岛拥有8座山头，每座山头住着一条龙。后来一位皇帝来到了这里，知道了这个传闻，心想："自己贵为真龙天子，那么这里岂不是拥有九条龙了吗？"随即改名此地为"九龙半岛"。

购物天堂

　　九龙半岛上著名的商业中心有：尖沙咀中心、帝国中心、好时中心、南洋中心等。各式商店鳞次栉比，是游客聚集的购物天堂。

西九龙的圆方

　　圆方位于港铁九龙站上盖，商场楼高4层，分为五大区域，并以中国五行的金、木、水、火、土为主题。西九龙圆方动感十足，各种生活娱乐场所一应俱全。

台湾恒春半岛

　　恒春半岛，位于台湾的最南端。半岛上树木常绿，鲜花盛开，四季长春，所以叫"恒春半岛"。恒春半岛以其旖旎的热带海滨风光而被游客喜爱，被人们称为"台湾的夏威夷"。

落山风

　　落山风是恒春半岛相当具有特色的自然景观，它影响着恒春半岛的人文、自然景观及农渔牧业。落山风强劲时曾有高达 13 级风的记录，相当于中度台风。

拓展 **恒春古城**

　　恒春古城气候宜人，四季如春。在古镇中漫步，四处都是南台湾的风情，特别是四个遗留至今的古城门，似乎还向人们诉说着往日的故事。走在幽静的民宅小巷里，有时还能发现一些古旧的陶片。它们当中有的有上千年的历史。

槟榔

　　由于落山风长期的吹拂，岛上人的嘴唇容易干裂，于是他们用嚼槟榔的方法来保持嘴唇的湿润。半岛上的人不分老少都吃槟榔，槟榔不仅仅是零食，也可以成为婚嫁的礼品。

第五章　神奇的海底世界

复杂的海底不但有美丽的珊瑚礁，还有神秘的海底森林和公园，也有正冒着白烟在海底喷发的火山。到底海底是一个怎样的秘境？让我们一起遨游这神秘的海底世界吧！

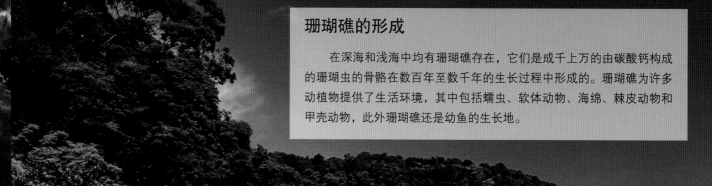

珊瑚礁的形成

在深海和浅海中均有珊瑚礁存在，它们是成千上万的由碳酸钙构成的珊瑚虫的骨骼在数百年至数千年的生长过程中形成的。珊瑚礁为许多动植物提供了生活环境，其中包括蠕虫、软体动物、海绵、棘皮动物和甲壳动物，此外珊瑚礁还是幼鱼的生长地。

美丽的珊瑚礁

珊瑚从古生代初期开始繁衍，一直延续至今，可作为划分地层、判断古气候、古地理的重要标志。珊瑚礁与地壳运动有关。正常情况下，珊瑚礁形成于低潮线以下50米深的海域。

珊瑚虫

珊瑚虫是海洋中的一种腔肠动物，在生长过程中能吸收海水中的钙和二氧化碳，然后分泌出石灰质，变为自己生存的外壳。每一个单体的珊瑚虫只有米粒般大小，它们一群一群地聚居在一起，一代代更新交替，生长繁衍。

珊瑚礁的科学价值

珊瑚礁里含有丰富的油气资源，同时还发现有铜、铅、锌等多金属层控矿床。珊瑚灰岩可作烧石灰、水泥的原料，千姿百态的珊瑚可作装饰工艺品，不少礁区已开辟为旅游场所。

珊瑚礁的最早出现

早在 225~230 年，三国（吴）时期，康泰在《扶南传》中记载了南海的珊瑚礁。1831~1836 年，进化论创始人达尔文对珊瑚礁进行过观察，极大地推进了珊瑚礁的研究。此后有关其成因的讨论持续了近100 年。

危机出现了

初步估计全球约 10% 的珊瑚礁近乎死亡。从捕鱼技术带来的环境影响到海洋的酸化都是导致珊瑚礁危机的原因。

让人担忧的未来

珊瑚礁危机引起了人们的关注。部分学者认为，由于全球变暖，珊瑚礁的扩展面积会多于其死亡面积。有人甚至估计到 2100 年全球珊瑚礁的面积会比工业革命前增长 35%。

海底森林

海底森林是由海藻组成的。海底森林呈世界性分布，广布于温带和极地的沿海。它们为海洋生物提供了独一无二的立体栖息地。

中国唯一的海底森林

在深洲湾的潮间带和潮下带埋藏着一片古油杉林，大概距今有 7000~8000 年的历史，是目前我国发现的唯一海底古森林遗迹。

海底森林的作用

海底森林对于人类是十分重要的。海底森林可以提供食物，作为凶猛海浪的缓冲区。而且，研究者认为，海底森林可能帮助了早期的航海者航行，就像一条"海藻公路"。

海底公园

　　海底公园是一个或多个保持自然状态或适度开发的生态系统和一定面积的地理区域，旨在保护海洋生态系统、海洋矿产蕴藏地以及海洋景观和历史文化遗产等，供人们休闲娱乐、科学研究和环境教育的特定海陆空间。

世界上第一个"海底公园"

　　位于奥克兰东海岸地区的沿海大道塔马基大道旁的凯利塔顿海底世界，于1985年对公众开放，是全世界第一个海底公园，也是第一个使用传输带让游客观赏鱼类的公园，它融合冰、雪、水于一体。

厦门海底世界

　　厦门海底世界坐落在鼓浪屿轮渡码头西面原鼓浪公园，先后建成了海洋馆、企鹅和淡水鱼馆。厦门海底世界是融生态保护、海洋知识、海洋水产、科教、观光于一体的大型海洋水族馆。

台湾绿岛海底公园

　　绿岛海底公园是以珊瑚裙礁为风景区主体的海岸。绿岛海域的鱼类以珊瑚礁鱼类为主，这些美丽游鱼或独游或三五成群悠游于珊瑚礁群之间，与五花八门的珊瑚争奇斗艳，构成一片五彩缤纷的海底风景区。

海水之下的"温泉"

　　海底"温泉"喷出来的热水就像烟囱喷出来的烟一样，目前发现的热泉有白烟囱、黑烟囱、黄烟囱。1979 年，美国科学家比肖夫博士首次在太平洋 2500 米接近海底时，看到这一奇异的景象：蒸汽腾腾，烟雾缭绕，烟囱林立。

产生的原因

　　在多火山多地震区，岩石严重破碎，海水通过破碎带渗透进入，冰冷的海水受热后，以热泉形式从海底泄出。

神奇之处

　　海底热泉好像一个重工业基地，冒着腾腾的蒸汽，四周烟雾缭绕。并且有大量生物围绕着烟囱生存。烟囱里冒出的烟的颜色大不相同。有的烟呈黑色，有的烟呈白色，还有淡如暮霭的轻烟。

周边奇特生物

在深海热泉泉口附近均会发现各式各样的奇异生物，包括大得出奇的红蛤、海蟹、血红色的管虫、牡蛎、贻贝、螃蟹、小虾，还有一些形状类似蒲公英的水螅生物。即使在热泉区以外像荒芜沙漠的深海海底，仍出现了蠕虫、海星及海葵这些生物。

海底温泉的发现过程

早在20世纪60年代，科学家们通过海底电视看到，在水下3700米左右的海底岩石上有枯树桩一样的东西，喷着热泉的出口处，沉淀堆积了许多化学物质。海底热泉的发现，成为20世纪科学领域中最重要的事件之一。

第六章　迷人的海滩

　　没有人不喜欢海滩吧？缤纷多彩的海滩让人赏心悦目，它们的颜色多样，有金色、白色、粉色、黑色等。海滩是非常迷人的，在这里，我们可以体会到大海的广阔胸襟、蓝天的无私情怀和海水的变幻无穷，自己也会随之变得开朗、无私、坦然。

海滩上的礼物

海滩是一个可以让人忘记烦恼的地方，这里海水清澈、沙滩细腻，如果你有心，还能在海滩上发现美丽的小礼物！

海滩也有颜色

世界各地的沙滩各有千秋，特别是在热带海域中，你会发现很多彩色沙滩，这些沙滩的颜色，不仅有金色，还有红色、绿色、黑色、粉色、白色等，真可以说是绚丽多姿。

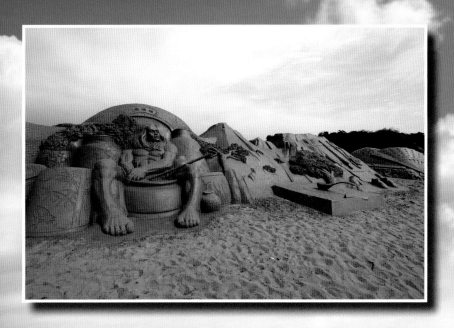

海边的艺术品——沙雕

　　沙雕，顾名思义，就是利用堆起来的沙子来雕刻，将沙堆雕刻成为艺术品。

　　沙雕艺术源于 100 多年前的美国。它是一项融雕塑、文化、绘画、建筑于一体的当代国际前沿边缘艺术，受到全世界游客的喜爱。

漂亮的贝壳

　　如果你很幸运，就会在海滩上发现贝壳。它是软体动物的外套膜，软体动物具有一种特殊的腺细胞，其分泌物可形成保护身体柔软部分的钙化物，也就是贝壳。它们的形状有扇形的、螺旋形的，稍稍加工一下，就能做成艺术品，别有一番趣味。

美丽的鹅卵石

　　海滩上堆满了形态各异的鹅卵石，颜色主要有灰色、青色、暗红色三大色系。这些鹅卵石色泽鲜明古朴，具有抗压、耐磨、耐腐蚀的天然石特性，是一种理想的绿色建筑材料。

海滩上的异国风情

白色的沙滩轻柔地环绕着蔚蓝色温暖的水域，迎着徐徐海风感受着异国风情。这，就是令人心驰神往的海滩，然而，除了美丽，有些海滩还有另一番景色。

海姆斯海滩

在澳大利亚海岸所有的海滩中海姆斯海滩是独一无二的。海姆斯海滩的白沙细小松软，呈粉末状，这片海滩被称为世界上最白的海滩。

巨人岬

巨人岬是爱尔兰著名的旅游景点。由于活火山不断喷发，火山熔岩多次溢出，经过海浪冲蚀，石柱群在不同高度被截断，便呈现出高低参差的石柱林地貌，于是便形成了这片气势磅礴的景象，十分壮观。

保龄球海滩

　　保龄球海滩位于加州，海滩上面躺着一颗颗的大石头，像极了保龄球被堆在海滩上，不得不让人感叹大自然的鬼斧神工。

维克小镇黑沙滩

　　维克小镇的黑沙滩是世界十大最美海滩之一。这里的沙滩虽然是黑色的，却没有杂质，一眼望去通透纯粹，丝毫不影响海水的清澈，黑沙滩上有很多形状奇特的怪石，更为之平添了许多神秘诡异的气氛。

杰古沙龙湖岸

　　冰岛杰古沙龙湖岸的沙滩，最有特色的就是这些纯净的千年冰块，游客们可以直接敲碎食用。冰块下面是火山岩，其颜色大多是黑色的。

热水海滩

　　热水海滩位于新西兰的科罗曼德尔半岛。在海滩南端的岩石附近，你可以在低潮前后两小时内，亲手在沙滩上挖一个自己的温泉池。躺在自己挖好的温泉池中，会令你感到奇特而舒适，而几米外却是凉凉的海水。

菲佛海滩

　　菲佛海滩的惊艳在于海滩上那些罕见的紫砂，远远望去，犹如长满了美丽的薰衣草，这些紫砂，是由海边悬崖上石榴石晶体经海浪冲刷形成的。

金巴兰海滩

　　金巴兰海滩是巴厘岛上最令人感到亲切的一片海滩，这片海滩因为美丽的落日以及渔人作业的方式特殊而出名。这里的渔民仍然采用古老纯朴的小木舟出海。金巴兰海滩夜晚的海鲜摊子是这片海滩的特色。

绮丽的中国海滩

　　在幅员辽阔的中国海洋边缘，有着众多美丽的海滩。在海滩上你可以一边欣赏海边的美景，一边懒洋洋地晒日光浴。它们是盛夏避暑的好去处，也是能让你放松心情的美丽地方。

澳门黑沙滩

　　黑沙海滩位于澳门路环岛的东面，是澳门著名的天然海滨浴场。黑沙的特色在于黝黑、润滑的细沙，海滩因而得名。据说，黑色的细沙是黑色次生矿海绿石受海流影响，被搬运至近岸，再经风浪携带到海滩，使原来洁白明净的白沙滩，变成迷人神秘的黑沙滩。

金石滩

　　大连市的金石滩植被繁茂、礁石林立、山海相间、景色秀美。三面环海，冬暖夏凉，气候宜人，汇聚了3亿~9亿年地质奇观，有"神力雕塑公园"之美誉。主要景点有海水浴场、金石缘公园、国家地质公园、金石蜡像馆、发现王国主题公园等。

普陀山千步沙

　　千步沙的沙色像黄金一样灿烂，沙质纯净松软，整片沙滩显得宽坦软美，漫步其中，绵绵的柔软会让你心情平静而愉悦。而遇到大风激浪，又是另一番壮观的景象，动人心魄，让人赞叹不绝。

大鹏半岛海滩

　　深圳大鹏半岛海滩是深圳市目前面积最大、保存最为完好的生态乐土，是临近闹市的一块僻静之处。海边融山光、水色、林涛、潮音、海风、征帆、鸟语、花香为一体，有如"蓬莱仙境"；陆上山峦起伏，峭壁林立，云雾缭绕，林密鸟众，草茂流清，好似"世外桃源"。

香港浅水湾

　　浅水湾在香港岛之南，坡缓滩长，波平浪静，水清沙细，沙滩宽阔洁净而水浅，且冬暖夏凉，历来是港人消夏弄潮的胜地，也是游人必至的著名风景区。

青岛——中国最好的海滩

　　青岛有全长 20 千米的洁白沙滩，这里海水碧蓝，和别处最不同的是，这里的沙子细得像粉，抓一把沙子再扔掉后，手掌上干干净净的，留不下任何泥尘。这种沙子在国内外都是少见的。只有西班牙大加纳利岛南部海滩的沙子如此。

河北昌黎黄金海岸

　　黄金海岸位于河北省秦皇岛市昌黎县。这里的沙质细腻、滩地平缓、海水清澈。更有人说这里的沙子可以做磨砂膏，可想而知这里的沙是何等的细柔。这里不仅能看海还有滑沙的地方。

东方银滩

　　东方银滩坐落在广东省阳江市海陵岛，位于列入世界吉尼斯纪录大全的"十里银滩"边，与"十里银滩"连为一体。这里保留了更原始的自然气息，环绕整个东方银滩的是郁郁葱葱的树林，而且三面环山一面向海，风平浪静，也是旭日初升的南海所在，风光美不胜收。

图书在版编目（CIP）数据

领略海洋风光 / 金翔龙，陆儒德主编 . — 北京 : 中译出版社，2016.5
（走进海洋世界）
ISBN 978-7-5001-4764-0

Ⅰ . ①领… Ⅱ . ①金… ②陆… Ⅲ . ①海洋—普及读物 Ⅳ . ① P7-49

中国版本图书馆 CIP 数据核字 (2016) 第 085223 号

走进海洋世界

领略海洋风光

出版发行：中译出版社
地　　址：北京市西城区车公庄大街甲 4 号物华大厦 6 层
电　　话：（010）68359376　68359303　68359101
邮　　编：100044
传　　真：（010）68357870
电子邮箱：book@ctph.com.cn
策划编辑：吴良柱　姜　军
责任编辑：姜　军　郭宇佳　顾客强　刘全银
封面设计：吴　闲
印　　刷：北京新华印刷有限公司
经　　销：新华书店
规　　格：889 毫米 × 1194 毫米　1/16
印　　张：9
字　　数：163 千字
版　　次：2016 年 6 月第 1 版
印　　次：2016 年 6 月第 1 次

ISBN 978-7-5001-4764-0　　　定价：88.00 元